铸梦航空

猎鹰篇

马文来 主编 / 仲戈 陈健 副主编

清华大学出版社

北京

内 容 简 介

《铸梦航空——猎鹰篇》以苏-27 和 R44 直升机为例讲述了关于飞机和直升机结构、动力装置和飞行原理等知识；然后介绍了飞行模拟训练器、直升机模拟训练器，以期增强学生对模拟飞行的浓厚兴趣，最后通过高级航模制作过程，体验高级飞机设计从无到有的全过程，加深对航空的理解。本书沿着航空报国、航空强国精神的主线，在航空知识的宣讲和传授中融入辩证思维，在航空科普作品的设计和制作中融入创新精神，在飞行活动的模拟和体验中融入探索精神，真正地将航空科普落地生根。

本书适合以中小学生为主体的青少年及其他航空爱好者，以及开设航空相关课程的学校企业等。

图书在版编目（CIP）数据

铸梦航空 . 猎鹰篇 / 马文来主编 . —北京：清华大学出版社，2023.11
ISBN 978-7-302-64620-4

Ⅰ . ①铸… Ⅱ . ①马… Ⅲ . ①航空 – 青少年读物 Ⅳ . ① V2-49

中国国家版本馆 CIP 数据核字（2023）第 196693 号

责任编辑： 张　弛
封面设计： 常雪影
责任校对： 刘　静
责任印制： 沈　露

出版发行： 清华大学出版社
　　　　　网　　址： https://www.tup.com.cn, https://www.wqxuetang.com
　　　　　地　　址： 北京清华大学学研大厦 A 座　　　　　**邮　编：** 100084
　　　　　社 总 机： 010-83470000　　　　　　　　　　**邮　购：** 010-62786544
　　　　　投稿与读者服务： 010-62776969, c-service@tup.tsinghua.edu.cn
　　　　　质量反馈： 010-62772015, zhiliang@tup.tsinghua.edu.cn
印 装 者： 三河市铭诚印务有限公司
经　　销： 全国新华书店
开　　本： 210mm×285mm　　　**印　　张：** 8　　　**字　　数：** 115 千字
版　　次： 2023 年 12 月第 1 版　　　　　　**印　　次：** 2023 年 12 月第 1 次印刷
定　　价： 69.00 元

产品编号：102526-01

丛书编写委员会

主　任：李　健

副主任：王　霞　齐贤德

委　员：孙卫国　张聚恩　宋庆功
　　　　马文来　仲　戈　陈　健

序

　　人类驾驶航空器在天空飞翔,实现了先人们向往星空、御风而行的梦想。世界航空发展是一个充满科学、探索、勇敢和坚持的漫长过程。一个国家航空事业发展和航空文化普及程度高低体现着其综合实力的强弱。在青少年中积极开展航空知识科普教育,引导青少年走近航空、了解航空、感受航空,进而学习航空、热爱航空、奉献航空,从小厚植家国情怀,筑牢航空科学梦想,是一项利国、利军、利民的事业,对培养国家航空后备人才、传承航空文化具有重要而深远的意义。

　　本套图书的编写单位蓝切线(山东)航空产业发展有限公司长期致力于传播航空知识,弘扬航空文化,在山东省航空产业协会原理事长孙德汉的关怀和支持下,始终秉持航空报国的情怀,在航空科普、航空教学、军地联合培养航空后续人才等方面进行了积极的探索和实践。经过多年积累,2020年成立工作组,精心编写了《逐梦航空——雏鹰篇》《筑梦航空——雄鹰篇》《铸梦航空——猎鹰篇》一套三册青少年航空科普教育系列图书。

　　翻开《逐梦航空——雏鹰篇》,以"飞天之梦"为开篇,通过生动有趣的小故事讲述了航空发展的前世今生,展示了从古至今人类对"飞天"的不断探索与追求。三册图书从"雏鹰"到"雄鹰"再到"猎鹰",由浅入深,由初级到高级,图文并茂地讲述了中国民用飞机的种类、飞行原理和主要制造过程;民用航空航班运行流程;以及民航从业人员特别是飞行员的成长过程等一系列生动有趣的内容。还结合电影《空天猎》讲述中国空军的发展史,介绍各类歼击机的性能及世界经典空战内容,激发学生航空报国热情。整套图书贯穿知识与实践相结合的理念,通过各类简易飞机制作、航模制作以及超级电容小飞机制作等实验教程,让学生充分体验飞机设计发展的全过程,在参与的乐趣中获得丰富的航空知识,培养航空感知、动手能力和探索精神,加深对航空事业的理解。本书在编写上力求探索创新,语言精炼、图文并茂,增强了航空知识的科学性、趣味性和实用性,能够贴合青少年的阅读习惯和学习需求。

当今时代,中国正肩负着实现民族复兴的伟大使命,建设航空强国是国家战略发展的重要任务。航空强国要从青少年抓起,要让航空文化在众多青少年心中生根发芽,这项工作也需要每位热爱航空事业的人躬身践行。海阔凭鱼跃,天高任鸟飞。相信在航空科普教育的推动下,中国航空事业后继有人。

中国工程院院士

飞机总体设计专家

沈阳航空航天大学名誉校长

中国电动飞机开创者

前　言

　　2002 年，第九届全国人大常务委员会发布了《中华人民共和国科学技术普及法》，明确提出发展科普事业是国家的长期任务，科普是公益事业，是全社会的共同责任，是社会主义物质文明和精神文明建设的重要内容，社会各界都应当组织参加各类科普活动。2016 年，习近平总书记在"科技三会"上提出：科技创新、科学普及是实现创新发展的两翼，要把科学普及放在与科技创新同等重要的位置。党的二十大报告强调要加强国家科普能力建设。

　　航空产业是国之重器，是国家重要的战略领域，随着科学技术的发展，航空正在改变人类生活的方方面面，中国人对航空知识的渴望越来越浓。我们每个人都曾有过飞翔的梦想，曾几何时，每当有飞机从天空掠过，我们会情不自禁地抬头眺望，孩子们则跳跃着、追赶着、呼喊着："飞机！"飞行器让人们实现了飞行梦。但是在中国，航空还是离人们很远很远，少年在作文中对理想的描绘、青年走向社会对工作的期望大多是成为解放军、医生、教师或科学家，而想当飞行员、飞机设计师的凤毛麟角。其原因在于，长期以来全社会还没有形成普遍关注航空的氛围，缺乏热爱航空的意识。进行航空科普宣传，在青少年中开展航空知识教育已势在必行。鉴于此，蓝切线（山东）航空产业发展有限公司根据实际需要，听取多方意见，于 2020 年成立了青少年航空科普教育系列教材编委会，精心组织编写了《逐梦航空——雏鹰篇》《筑梦航空——雄鹰篇》《铸梦航空——猎鹰篇》一套三册青少年航空科普教育系列图书，旨在普及航空文化，完善青少年航空科普教育知识体系，提高青少年了解和学习航空科普的积极性。

该系列共分三册。第一册是针对初级阶段的《逐梦航空——雏鹰篇》,以"飞天之梦"为开篇,通过多个生动有趣的故事讲述了航空发展的前世今生,展示了从古至今人类对"飞天"的不断探索与追求。图文并茂地介绍了航空器的分类和主要用途,通过制作各类纸飞机和橡皮筋飞机来体验飞机设计师的工作乐趣。第二册是针对中级阶段的《筑梦航空——雄鹰篇》,从《中国机长》看民用航空开篇,讲述了民用航空的定义与概况、民航飞机的制造过程、航班运行流程及关于飞行员等民航从业人员的一系列生动有趣的内容。结合电影《空天猎》讲述中国空军的发展史、中国空军航空兵部队组成,讲述关于各类战斗机及世界经典空战的内容,激发读者航空报国热情。通过对初级航模制作及超级电容小飞机制作,介绍有关航空模型的知识,培养学生的航空感知和探索能力。最后,通过几款经典的模拟飞行软件,进行了模拟飞行初期体验。第三册是针对高级阶段的《铸梦航空——猎鹰篇》,从小型飞机开篇,讲述了关于飞机结构、动力装置和飞行原理等知识;接着通过轻型直升机介绍了关于旋翼机的结构、动力装置和飞行原理等知识。介绍了飞行模拟训练器、直升机模拟训练器,以期增强学生对模拟飞行的浓厚兴趣。最后通过高级航模制作过程,体验高级飞机设计从无到有的全过程,加强对航空的深入理解。

该书于2020年9月编写完成后,在相关中小学和社会培训机构进行了验证应用,经过两年多的实践推广,在广大青少年和社会应用层面取得了良好的反响。2022年下半年,编委会根据应用过程中发现的问题,在广泛收集和听取各方意见建议的基础上对内容进行了全面改版完善,在框架调整、标题优化、图片处理、文字校对等方面做了大量修订,进一步将理论性与应用性结合、传统性与时代性结合、趣味性与科学性结合、知识性与思想性结合,打造了更科学、更实用的第二版航空科普教育系列图书。2023年3月26日,编委会组织航空业内专家许天牧、任超忠、黄伟宏、李艳华和李健涛等,对教材进行了评审,专家一致认为,本书编写以普及青少年航空知识,传播航空文化,激发青少年航空报国热情,为中国航空事业持续发展培养后备人才为目的,有利于培养青少年对航空科学的兴趣和坚持不懈的探索精神,对培养国家航空人才具有重要意义。教材形式贯穿理论与实践相结合的理念,通过各类航模制作、模拟飞行等实验教程,让青少年体验航空器发展的全过程,在参与的乐趣中培养航空感知、动手能力和探索精神,丰富航空知识。教材内容上推陈出新、语言精炼、图文并茂,贴合青少年的阅读习惯和学习需求,具有较强的科学性、趣味性和实用性,是一套非常有推广价值的科普教材。

教材在编写的过程中,参考了大量现有的相关图书、教材、研究论文等文献资料,已在参考文献中列示,同时得到航空界有关专家的帮助和指导,在此一并表示衷心感谢。由于编委会能力水平有限,其中难免有疏漏不当之处,敬请读者在使用过程中及时提出宝贵意见,以期不断予以改进。

青少年航空科普教育系列教材编委会
2023 年 9 月

目　录

第1章

从歼-10看飞机的飞行奥秘

1903 年 12 月 17 日上午 10 时 35 分,美国莱特兄弟完成了人类第一架飞机"飞行者一号"的飞行,从此蓝天上有了人类的身影。有人说航空百年史是人类不断突破自我、攻坚克难的奋斗史,有人说航空百年史是人类追求自由、向往蓝天的飞翔史,有人说航空百年史是一部伴随着毁灭、血腥,充满硝烟的战争史……但是航空的发展的确促进了人类文明的进步。

2006 年 12 月,中国自主研制的歼-10 飞机批量装备了我国空军部队。歼-10 飞机性能先进,用途广泛,能有效提高了人民空军防卫作战能力,加快我军武器装备现代化建设,对巩固国防具有重大意义。

本章将从歼-10 出发,认识结构外形、学习飞行原理、掌握航模制作。

1.1　看透飞机的魁梧身躯

飞机是我们最常见,也是用途最广泛的航空器。常规布局的飞机由机身、机翼、尾翼、起落架和动力装置组成(见图 1.1)。歼-10 歼击机的外形如图 1.2 所示。

图 1.1　看透飞机的魁梧身躯

图 1.2　歼-10 歼击机外形（崔文斌　摄）

1.1.1　机身

机身用来装载人员物资和各种设备,将其他部件连成整体。

在使用方面,机身要具有尽可能大的空间,使单位体积利用率最高,以便能装载更多的人和物资,同时连接必须安全可靠。应有良好的通风加温和隔音设备;视野必须广,以利于飞机的起落。

在气动方面,汽车的外形大多设计成流线型以减小阻力,飞机也有同样的要求,而且要求更加严格。它的迎风面积应减小到最小,表面应光滑,形状应流线化,不能有突角或缝隙,以便尽可能地减小阻力。

在重量方面,在保证有足够的强度、刚度[①]和抗疲劳的能力情况下,应使它的重量最轻。对于具有气密座舱[②]的机身,抗疲劳的能力尤为重要。

现代飞机的机身结构有两种基本类型:构架式和应力蒙皮式。应力蒙皮式机身根据其构件设计和受力特点,又分为硬壳式机身和半硬壳式机身,而半硬壳式机身又可细分为桁梁式和桁条式两种。

---

① 物体在受外力作用时抵抗变形的能力,用物体产生单位变形所需的外力来表征。
② 飞机增压座舱是舱内空气压力高于环境气压的座舱,又称气密座舱。

1.1.2 机翼

机翼的主要作用是产生升力,使飞机具有横侧安定性和操纵性,机翼的其他作用还有安装发动机、起落架、油箱及其他设备。

1.机翼的结构

在结构方面,机翼由翼梁、翼肋、桁条、蒙皮等组成（见图 1.3）。

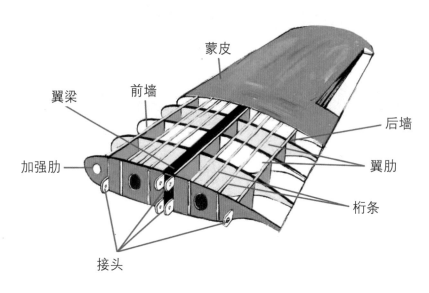

图 1.3　机翼结构

翼梁由梁的腹板和线条组成。翼梁是单纯的受力件,主要承受弯矩和剪力,它是机翼主要的纵向受力件,承受机翼的全部或大部分弯矩。翼梁大多在根部与机身固接。

翼肋是横向受力骨架．用来支撑蒙皮,维持机翼的剖面形状。在有集中载荷的地方（如安装发动机、起落架等）,普通翼肋得到加强而成为加强翼肋。普通翼肋构造上的功用是维持机翼剖面所需的气动外形。

桁条是与蒙皮和翼肋相连的元件。在现代机翼中它一般都参与机翼的总体受力,承受机翼弯矩引起的部分轴向力,是纵向骨架中的重要受力元件之一。除上述承力作用外,桁条和翼肋一起对蒙皮起一定的支撑作用。

蒙皮的直接功用是形成流线型的机翼外表面。为了使机翼所受的阻力尽量小,蒙皮应力求光滑。为此应提高蒙皮的横向弯曲刚度,以减小它在飞行中的凹凸变形。

2．机翼的位置分类

机翼的位置分类如图 1.4 所示。

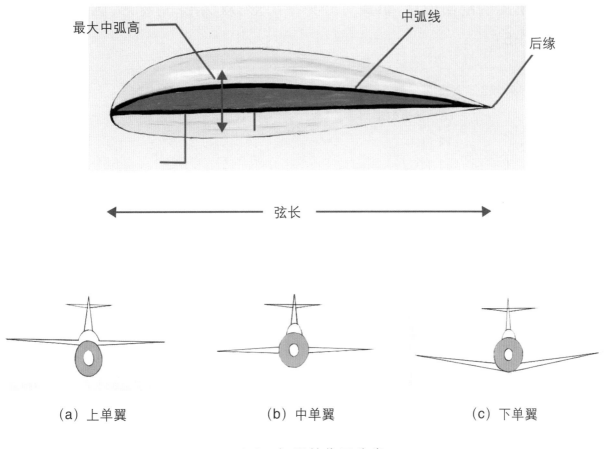

(a) 上单翼　　　　　(b) 中单翼　　　　　(c) 下单翼

图 1.4　机翼的位置分类

　　根据机翼在机身上安装的部位和形式，飞机可以分为上单翼飞机（安装在机身上部）、中单翼飞机（安装在机身中部）、下单翼飞机（安装在机身下方）。

　　上单翼飞机具有向下视界广阔、干扰阻力小的优点。多数上单翼飞机存在起落架高、不易收放、飞机重量大的缺点。但现代大型运输机由于机身很宽，起落架可安装在机身下部，起落架高、不易收放的缺点可以避免。如伊尔-76、安-124，C-130、C-5、运-20 等，都是上单翼飞机。

　　中单翼飞机的气动阻力最小，起落架也比上单翼飞机低。机翼直接穿过机身中部，结构受力形式好，便于采用翼身融合体结构。现代歼击机多为中单翼飞机。其缺点是机翼结构穿过机身中部影响机身空间的利用。

　　下单翼飞机的最大优点是起落架短、重量轻、收放方便。多数民航客机都是下单翼飞机,如波音 747、图-154 等。其缺点是气动阻力大①。

3．机翼的剖面形状

根据机翼的剖面形状,机翼可分为平凸形、双凸形、对称形、圆弧形和菱形等（见图 1.5）。

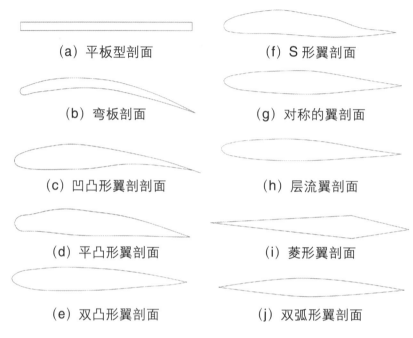

(a) 平板型剖面　　　　　　　(f) S 形翼剖面

(b) 弯板剖面　　　　　　　(g) 对称的翼剖面

(c) 凹凸形翼剖剖面　　　　　(h) 层流翼剖面

(d) 平凸形翼剖面　　　　　　(i) 菱形翼剖面

(e) 双凸形翼剖面　　　　　　(j) 双弧形翼剖面

图 1.5　机翼的不同剖面形状

用平行于飞机对称平面的切平面切割机翼所得的剖面称为翼型。最早的飞机,翼型是平板型剖面,这种机翼升力较小。后来出现了弯板剖面,对升力特性有所改进。随着飞机的发展又出现了平凸形、双凸形、对称形、层流形、菱形、圆弧形等翼型。

4．机翼的平面形状

机翼的平面形状是从上向下看时机翼在平面上的投影形状,也就是飞机的俯视图（见图 1.6 ～ 图 1.9）。早期的飞机,机翼平面形状大多做成矩形。后来又制造出了梯形翼和椭圆翼。随着喷气式飞机的出现,为适应高速飞行,又出现了后掠翼、三角翼、S 形前缘翼等机翼,并获得广泛应用。

---

① 气动阻力：物体在运动时受到空气的弹力而产生的对自身的阻碍力。

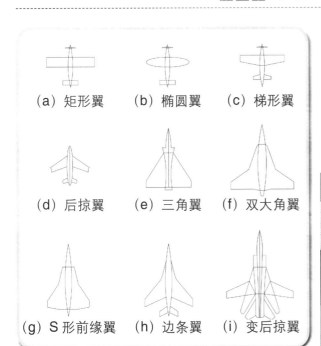

（a）矩形翼　　（b）椭圆翼　　（c）梯形翼

（d）后掠翼　　（e）三角翼　　（f）双大角翼

（g）S形前缘翼　（h）边条翼　　（i）变后掠翼

图 1.6　常见的机翼形状

图 1.7　"喷火"式战斗机椭圆形
机翼（刘军　摄）

图 1.8　苏-27歼击机的后掠翼
（崔文斌　摄）

图 1.9　幻影2000歼击机的三角翼（刘军　摄）

1.1.3　尾翼

尾翼是安装在飞机尾部的一种装置，可以增强飞行的稳定性（见图 1.10）。

尾翼的主要作用是保持飞机纵向平衡，保证飞机纵向和方向安定，实现飞机纵向和方向操纵。

由于飞机的用途和空气动力性能的受力情况不同，尾翼也有不同的构造形式，尾翼一般分为垂直尾翼和水平尾翼。

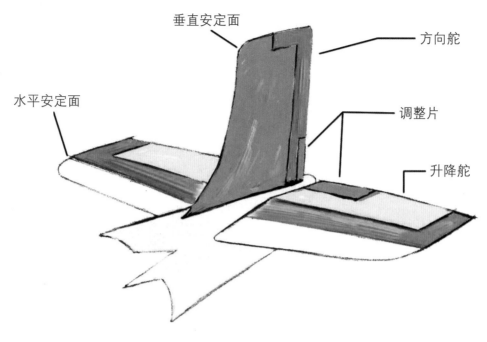

水平安定面

垂直安定面

方向舵

调整片

升降舵

图 1.10　尾翼组成

1.1.4　起落架

起落架就是飞机在地面停放、滑行、起飞着陆滑跑时用于支撑飞机重力，承受相应载荷的装置。

起落架的主要作用是承受飞机在地面停放、滑行、起飞着陆滑跑时的重力，承受、消耗和吸收飞机在着陆与地面运动时的撞击和颠簸能量。

1.2　摸清飞机的五脏六腑

飞机的内部主要由动力装置、燃油系统、滑油系统、氧气系统、通信系统和仪表系统等组成。

1.2.1　动力装置

动力装置即发动机，它是飞机的心脏。发动机主要用来产生拉力或推力，克服飞机的惯性和空气阻力，使飞机前进。另外，还可以为飞机上的用电设备提供电源，为空调设备等用气设备提供气源。

1883 年汽油内燃机即活塞式发动机的问世，为第一架飞机的试飞成功创造了条件。空气喷气发动机的出现,使飞机突破声障[①],并使航空器的飞行速度达到几倍声速。航空器的发展与发动机的发展息息相关。

航空发动机的种类虽然很多,根据其产生推力的原理不同,可以把发动机分为活塞式发动机和喷气式发动机两大类,歼 -10 采用涡轮风扇喷气发动机(见图 1.11)。

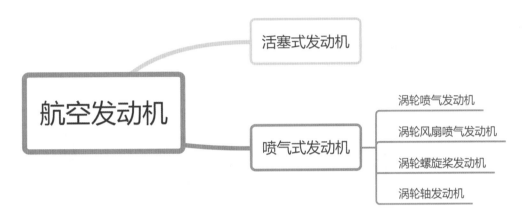

图 1.11　航空发动机的分类

1.活塞式发动机

航空活塞式发动机主要由曲轴、连杆、活塞、气缸、配气机构、火花塞和机匣等部件组成(见图 1.12)。有的发动机装有减速器,以降低输出轴的转速,增加输出扭矩。高空发动机还装有增压器以提高发动机高空性能。航空活塞式发动机除主要部件外,还须有若干辅助系统与之配合才能工作,主要有进气增压系统、燃油系统、点火系统、电起动系统、散热

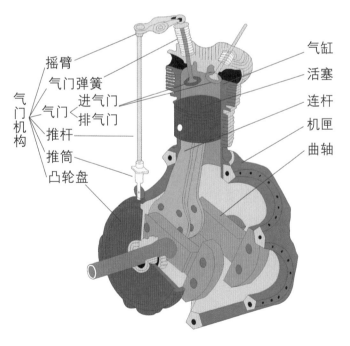

图 1.12　活塞式发动机的主要组件

---

① 声障是在飞机发展历程中出现的一个概念,又称音障。大展弦比的直机翼飞机,在飞行速度接近声速时,会出现阻力剧增、操纵性能变差和自发栽头的现象,飞行速度也不能再提高,因此人们曾以为声速是飞机速度不可逾越的障碍,故有此名。

系统和润滑系统等。

活塞式发动机的基本工作原理如图 1.13 所示，一个工作循环由进气、压缩、膨胀和排气四个冲程组成。

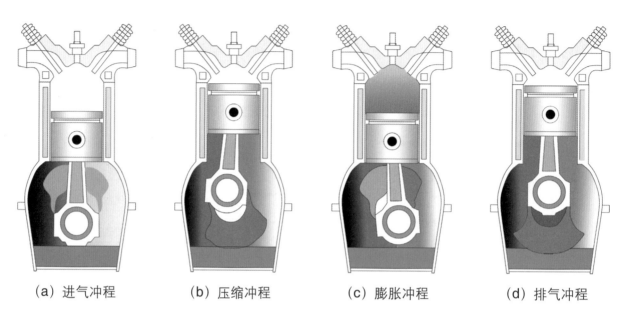

（a）进气冲程　　　（b）压缩冲程　　　（c）膨胀冲程　　　（d）排气冲程

图 1.13　四冲程活塞发动机的工作

1）进气冲程

进气冲程的作用是使新鲜的油气混合物进入气缸。进气冲程中，进气门打开，排气门关闭，活塞从上止点向下止点运动，气缸容积增大，气压降低，新鲜的油气混合物被吸入气缸。

2）压缩冲程

压缩冲程的作用是提高油气混合物压力，为后面的膨胀做功做好准备。进气冲程结束后，进、排气门都关闭，活塞从下止点向上止点运动，气缸容积变小，油气混合物被压缩，温度、压力升高，当活塞到达上止点时，压缩行程结束。在活塞即将到达上止点时，火花塞①产生电火花，点燃气缸中的油气混合物。

3）膨胀冲程

膨胀冲程的作用是将燃料燃烧放出的热能转化为活塞运动的机械能。当压缩冲程即将结束，活塞移至上止点时，火花塞产生电火花点燃油气混合物，

---

① 火花塞是汽油机利用高压电在气缸中产生电火花的元件，是汽油机点火系统的重要部件。

并在极短时间内通过燃烧变为燃气,同时将燃料中的化学能转换为热能,使燃气的压力和温度急剧升高。作用在活塞内表面上的巨大压力推动活塞由上止点迅猛地向下止点移动,当活塞抵达下止点时,完成膨胀冲程。通过膨胀冲程,使发动机对外做功,因此,膨胀冲程又称为做功冲程。

4)排气冲程

在排气过程中,排气门打开,活塞由下止点向上止点移动,推动气缸中的废气通过排气门排出气缸。当活塞移到上止点时,绝大部分废气被排出气缸,排气门关闭,排气冲程结束。

四冲程活塞发动机工作过程中,四个冲程构成一个工作循环,在一个工作循环中曲轴旋转两圈,火花塞点火一次,进、排气门各打开、关闭一次,周而复始,使得发动机连续不断地输出功。

活塞式发动机比较适合在低速下飞行,但由于其功率小、重量大、振动大等缺点,其使用范围越来越受到限制,目前一般只用在飞行速度较低的小型飞机上。

2.涡轮喷气式发动机

涡轮喷气式发动机是早期喷气式飞机大量使用的发动机(见图 1.14)。涡轮喷气式发动机的工作原理是使大量空气通过进气道进入发动机,气流经过压气机的压缩后进入燃烧室。在燃烧室中,高压空气与燃油混合并燃烧产生高温高压的气流,这些气流在涡轮处膨胀做功,将气流中的势能和热能转化为机械能,驱动发动机运转,之后仍具有高温高压的气流向后排出产生推力,推动飞机飞行。涡轮喷气式发动机的主要部件为压气机、燃烧室、涡轮以及防止发动机喘振①的放气结构等。

与活塞发动机相比,涡轮喷气式发动机结构简单、重量轻、推力大、推进效率高,而且在较大的飞行速度范围内,发动机的推力随飞行速度的增加而增加。涡轮喷气式发动机速度高、推力大,适合较高速度飞行的飞机。但在亚声速飞行时,存在耗油率高、经济性差等缺点。

---

① 发动机喘振是气流沿压气机轴线方向发生的低频率,高振幅的振荡现象。

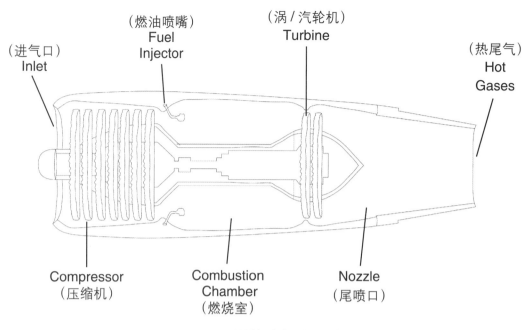

图 1.14   涡轮喷气式发动机

3. 涡轮螺旋桨发动机

涡轮螺旋桨发动机也称涡桨发动机,是燃气涡轮发动机的一种,它以螺旋桨旋转时产生的动能作为飞机前进的推进力。涡轮螺旋桨发动机由螺旋桨、减速齿轮、进气道、压气机、燃烧室、涡轮、尾喷管构成,包括轴流式涡轮螺旋桨发动机、离心式涡轮螺旋桨发动机两类。

与活塞式发动机相比,涡轮螺旋桨发动机具有功率大、功重比大、稳定性好、噪声小、使用寿命长等优点。与涡轮喷气式发动机、涡轮风扇发动机相比,涡轮螺旋桨发动机具有中低速效率高、油耗低、易维护等优点。此外,涡轮螺旋桨发动机还拥有飞行高度范围大、安全性高、对飞行场地要求低、成本较低等优点。

涡轮螺旋桨发动机适应性好,可以工作在陆地以及海平面上,由于受螺旋桨效率影响,其飞行速度较低,一般用在中低速飞机上。因其低速性能优越,所以是中低速远程运输机、海上巡逻机、中低速客机等飞机的首选动力,因此仍拥有良好的应用前景(见图 1.15)。

4. 涡轮风扇发动机

涡轮风扇发动机又称涡扇发动机,是指由喷管喷射出的燃气与风扇排出的空气共同产生反作用推力的燃气涡轮发动机,由压气机、燃烧室、高压涡轮（驱动压气机）、低压涡轮（驱动风扇）和排气系统等组成（见图 1.16）。

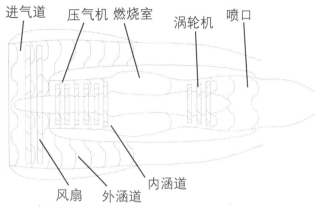

图 1.15　涡轮螺旋桨飞机（刘军　摄）　　图 1.16　典型涡轮风扇发动机结构

涡扇发动机的推力来自两个方面:一方面是核心机喷出的燃气产生推力,另一方面是风扇旋转产生推力。由于风扇只能运行在低转速,压气机需要较高转速,于是有二转子、三转子及多转子涡扇发动机。

涡扇发动机的优点是推力大、推进效率高、噪声低、燃油消耗率[①]低、航程远等。缺点是发动机结构复杂、设计难度较大等。

1.2.2　燃油系统

燃油系统的功用是储存燃油,并保证在规定的任何状态（如各种飞行高度、飞行姿态）下,均能按发动机所要求压力和流量向发动机持续不间断地供油。此外,燃油系统还具有冷却机上其他系统、平衡飞机、保持飞机重心于规定的范围内等附加功能。飞机燃油系统主要由油箱通气系统、加油/抽油系统、应急放油系统、供油（输油）系统和燃油箱组成。

1. 通气系统

飞机的通气系统是一种开放式通气系统,即飞机的燃油箱与大气之间是相通的。开放式通气系统主要是为了保证飞机在任何飞行状态以及进行压力

---

① 　内燃机在单位时间内产生单位功率所消耗的燃料量,又称比燃油消耗。

加油时，油箱内外压力依然保持平衡，可以防止油箱变形和供油产生气塞的情况。

2．燃油箱

飞机燃油箱的作用是储存飞行所需的燃油。飞机燃油箱有软油箱、硬油箱和结构油箱三种类型。

通常飞机上会布置多个油箱，即中央油箱、机翼主油箱，在主油箱外侧设有通气油箱。有些飞机还配有机尾配平油箱和中央辅助油箱，如图 1.17 所示。

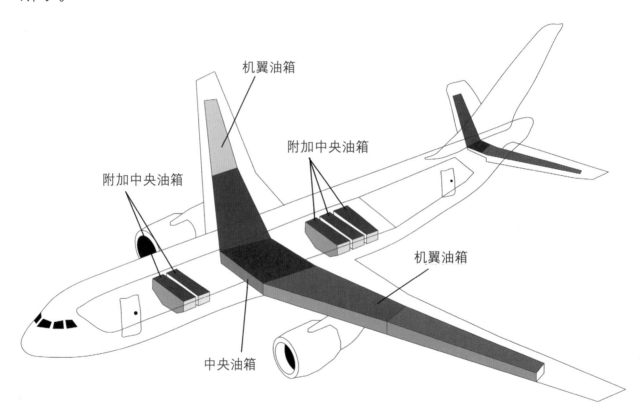

机翼油箱

附加中央油箱

附加中央油箱

机翼油箱

中央油箱

图 1.17　民航飞机油箱布局

3．加油／抽油系统

现代飞机的加油方法有三种：重力加油、压力加油和空中加油。

重力加油操作简单，一般被小型飞机采用。大型飞机一般优先采用压力加油系统，重力加油仅在机场没有专用加油车时，作为辅助加油手段采用。空中加油仅用于军用飞机。抽油是飞机在地面时，为了维护燃油箱或油箱内的附件,将燃油箱内剩余燃油排放到地面油车上或者为了保持飞机的横向平衡,将一个油箱中的燃油传输到另一个油箱中。

4．应急放油系统

当运输机和通用飞机的最大起飞重量达到最大着陆重量的 105% 时,即需要使用应急放油系统。应急放油系统主要是为了在紧急情况下,迅速排放燃油,使飞机的重量达到最大允许着陆重量,防止在紧急迫降时着陆重量超限,损坏飞机结构（见图 1.18）。

图 1.18　飞机应急放油（中新网）

5．供油（输油）系统

飞机燃油系统的供油方式一般有三种,即重力供油、油泵供油和压力供油。

重力供油适用于油箱比发动机高的飞机,如将油箱装在上单翼飞机的机翼内,燃油便会自动地向下流动,向发动机供油。这种供油方式的最大优点是构造简单。不过当飞机速度加快、机动飞行时,重力供油就不能满足发动机工作的需要。

油泵供油被现代民航客机广泛采用,它是将燃油从油箱中抽出,然后供到发动机或辅助动力装置（auxiliary power units，APU）[①],这种供油方式工作可靠并且便于实施自动控制。

压力供油就是在密封的油箱内通入一定压力的气体如二氧化碳、氮气或发动机压气机的引气,使油从油箱中压出,供发动机工作的需要。这种供油方式工作可靠、方便,同时解决了燃油箱通气和燃油挥发损失问题。

---

① 为飞行器环控、电力、液压等系统和主发动机的起动提供轴功率或压缩空气的小型燃气涡轮动力装置。

1.2.3 滑油系统

滑油系统是航空发动机正常工作的一个重要系统,其主要功能是保障发动机内机件的摩擦散热。其按循环性质不同可以分为调压式活门系统和全流式系统,按循环的方式分类可以分为单回路和双回路等。这些工作方式和原理对应不同的发动机,达到最佳的效率。无论发动机上看得见或看不见的部位,基本上都有滑油的身影。

滑油系统作用主要有以下几点。

(1)润滑。零部件表面形成油膜,流动摩擦代替金属摩擦。主要对轴承、齿轮等传动部件进行润滑,保证发动机的寿命。

(2)冷却。发动机工作过程中会产生大量的热,热量会传递到轴承等位置,同时摩擦也会产生大量的热。热量通过滑油系统循环被带走。

(3)清洁。发动机内部的工作环境恶劣。运转摩擦会产生很多的微小颗粒,会给进气系统带来很多灰尘,内部不断氧化会形成油泥,从而形成杂质。滑油系统可以带走并通过油滤过滤掉这些杂质,起到清洁作用。

除以上三大作用以外,滑油形成的油膜还可以将空气与部件隔开,起到防氧化和防腐作用,同时起到密封作用。滑油还可以充当一些操纵机构的工作介质,吸收发动机产生的振动,起到缓冲作用。

然而滑油工作环境十分恶劣,所以对滑油本身的要求也非常高。滑油的特性指标有以下几点。

(1)黏度。黏度表示滑油的流动阻力,反映油膜的承载能力。

(2)黏度指数。表示黏度随温度变化的情况。

(3)凝点。完全失去流动性时的温度。

(4)闪点。出现闪燃蒸汽时的温度。

(5)抗氧化性。表示滑油和氧气之间的反应能力。

(6)热稳定性。体现高温下抵抗化合物分解的能力。

(7)抗泡沫性。滑油中添加有抗泡沫剂,会及时消除泡沫,防止发动机产生气阻或产生供油不足的故障。

1.2.4 氧气系统

现代飞机多采用增压座舱,正常飞行时,飞机座舱高度(座舱内的绝对压力所对应的海拔高度)一般不超过 2400 米(8000 英尺),因而不需要额外供氧。

飞机氧气系统主要是保证在飞机座舱释压后的供氧,而手提氧气设备可用于飞行中的紧急医疗救助、着火和其他紧急情况。

飞机氧气系统由三部分组成:机组氧气系统、乘客氧气系统和手提氧气设备(见图 1.19)。

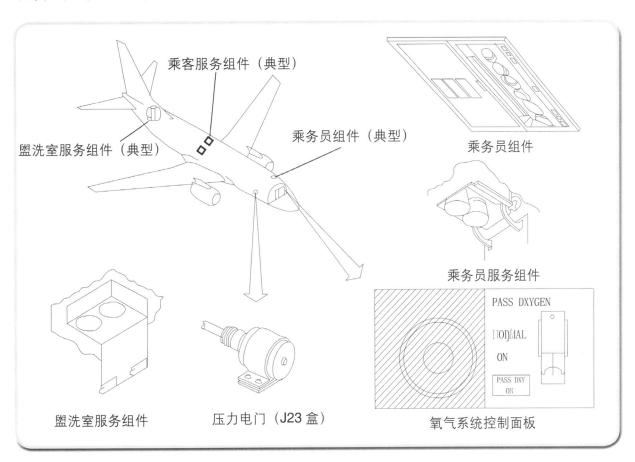

图 1.19 飞机氧气系统的组成

1. 机组氧气系统

机组氧气系统大多采用高压氧气瓶供氧,向机组提供低压氧气。其主要组成部件包括氧气瓶、压力传感器、减压调节器(减压活门)、关断活门、氧气面罩和调节器、氧气瓶压力表(驾驶舱)等。氧气瓶压力表用于指示氧气瓶内压力,也可指示氧气瓶内氧气的含量。氧气瓶关断活门用于打开或关闭氧气瓶供氧,它在正常情况下是打开的。当拆开氧气系统进行维护时,首先要将关断活门关闭。

2．乘客氧气系统

乘客氧气系统用于在座舱释压后,向乘客及乘务人员应急供氧。乘客氧气系统大多采用化学氧气发生器供气。

化学氧气发生器芯子的主要化学成分是氯酸钠[①]和铁粉。发生器在低温情况下是惰性的,即使是在严重撞击下也不会发生化学反应。但是在高温情况下,将会发生化学反应,氯酸钠和铁粉会生成氯化钠、氧化铁,并释放氧气(见图1.20)。

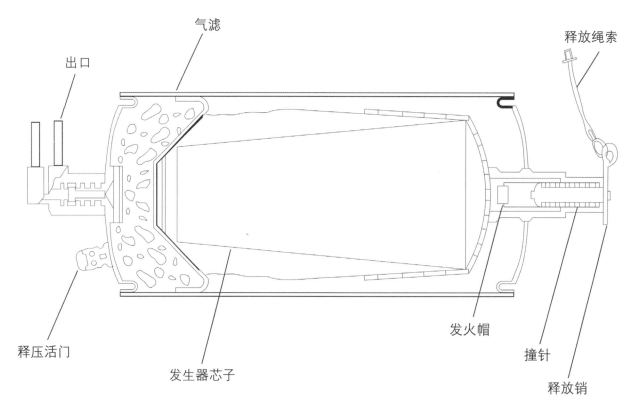

图 1.20 化学氧气发生器

氧气发生器一经开始工作就连续供氧,不能停止,直到所有化学成分消耗完。一般至少可供氧 12 分钟。乘客氧气系统氧气面罩可以自动放下,也可

[①] 化学式 NaClO,无色晶体,属立方晶系,味咸而凉,密度 2.5 克/立方厘米,熔点 248℃,易溶于水、微溶于乙醇,有吸湿性、强氧化性。

以通过驾驶舱"乘客氧气"控制电门人工打开。当座舱高度达到 13500 ～ 14000 英尺（ft[①]）时，氧气面罩会自动脱落。

3．手提氧气设备

手提氧气瓶用于飞行时在飞机座舱内提供游动医疗救助（见图 1.21）。每个氧气瓶都是一个独立的氧气系统。手提氧气瓶多是高压氧气瓶，在 70 ℉时其充气压力达到 1800 磅 / 平方英寸[②]（PSIG）。

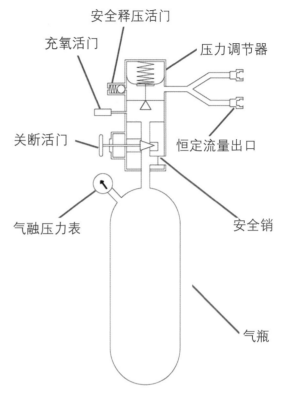

图 1.21　手提氧气设备内部结构

1.2.5　通信系统

通信系统是一种在航空器和地面站之间通过无线电或卫星传输短消息（报文）的数字数据链系统。主要用途是使飞机在飞行的各阶段与地面的航行管制、签派、维修等相关人员保持双向的语音和信号联系，当然这个系统也提供了飞机内部人员之间和与旅客联络服务。主要包括甚高频通信系统、高频通信系统、选择呼叫系统和音频综合系统。

1．甚高频通信系统

甚高频通信系统是供飞机与地面台站、飞机与飞机之间进行双向语音和数据（数据功能仅在新型飞机上才具备）通信联络的装置，是民航飞机主要的通信工具。

---

① 英尺或呎（英语：Foot，符号：ft）是英制长度单位，1 英尺 = 12 英寸 = 30.48 厘米 = 3.048 公寸 = 0.3048 公尺。

② 英制压力单位 Pound per square inch，gauge 的缩写。P 是磅 pound，S 是平方 square，I 是英寸 inch。gauge 指表压，即压力表显示的数值。具体指的是"1 平方英寸面积承受 1 磅重"（6894.75729 帕斯卡）所造成的表压。

2．高频通信系统

高频通信系统是一种机载远程通信系统，通信距离可达数千千米，用于在远程飞行时保持与基地间的通信联络。

3．选择呼叫系统

选择呼叫系统不是一种独立的通信系统，它的功用是当地面呼叫指定飞机时，以灯光和钟声谐音的形式通知机组进行联络，从而免除机组对地面呼叫的长期守候。

4．音频综合系统

音频综合系统泛指机内的所有通话、广播、录音等音频系统。这些系统的主要作用是实现机内各类人员之间的语音信息交换，以及驾驶舱内语音的记录。

1.2.6 仪表系统

1．仪表系统简介

在航空器上所使用的仪表统称为航空仪表。航空仪表是为飞行人员提供有关航空器的飞行参数、发动机参数及其他飞机系统状态参数的设备，并用于计算和自动调整航空器及发动机的运行状态。航空仪表与各种控制器一起构成人机接口，使飞行人员能及时正确地了解飞行状态等各种信息，以便按照飞行计划操纵航空器。航空仪表所显示的信息既是飞行人员操纵飞行器的依据，又可以反映飞行器被操纵后的结果。

随着航空科学技术的快速发展，现代飞机功能更加强大，其组成结构和所完成的任务也日趋复杂。航空仪表的作用相当于现代飞机的"大脑""眼睛"和"耳朵"，使飞机能够像人类一样感受外界信息，数据信息经分析处理后提供给飞行员或者直接用于操纵飞机。最早的飞机不借助航空仪表来辅助飞行，当时的飞行员要全神贯注地操纵飞机。但是随着飞机设计的进步，其性能、稳定性、操纵性都有了显著改进，这时飞行员需要了解更多的关于飞行条件的信息,以实现更安全的飞行,因此丰富多样的航空仪表便应运而生。可以毫不夸张地说,没有先进的现代航空仪表和其他电子设备,单纯依靠飞行员来安全操纵越来越复杂的飞机并完成各种任务几乎是不可能的事情。

2.航空仪表的分类

航空仪表的种类丰富多样,一般可以按照其发展演变、仪表功用及工作原理三种方式进行分类(见图1.22)。

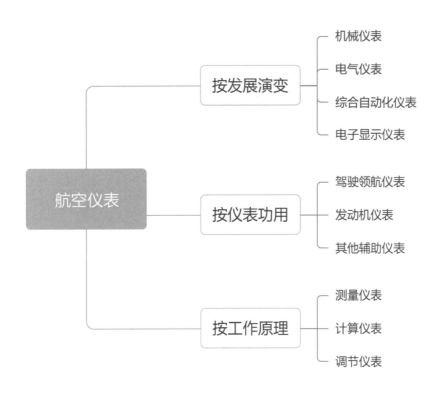

图 1.22　航空仪表的分类

3.航空仪表的基本布局

航空仪表的指示部分主要安装在驾驶舱仪表盘上,其他一些需要安装仪表的地方也有少量仪表,如燃油加油口处有油量表,客舱有客舱高度表等。传感器即感受部分安装在便于准确测量被测参数的地方,如空速管安装在机头附近,磁传感器安装在翼尖等。其他装置,如处理器、放大器等电子设备,大多安装在电子设备舱。

航空仪表在仪表盘上的分布,主要是便于飞行人员迅速而全面地观察仪表,一般遵循以下原则。

（1）重要原则：最重要的仪表要放在最方便观测的位置。

（2）频度原则：观测频度最大的仪表放在最方便观测的位置。

（3）相关原则：测量同一参数或性质相近参数的仪表排列在一起，以便互相比较，所测参数性质不同，但有密切联系，需要联合观察的仪表，排列相对集中。

无论传统仪表，还是数字仪表，显示数据的格式都遵循基本 T 形布局（见图 1.23）。

图 1.23　航空仪表常用的 T 形布局（北海通航有限公司）

图 1.24 所示的显示器称为主飞行显示器（PFD）。从显示器上粗黑线框处的形状同样可以看出，左边的空速带，中间的姿态指示球，右边的气压式高度带，下边的航向带也构成 T 形布局。

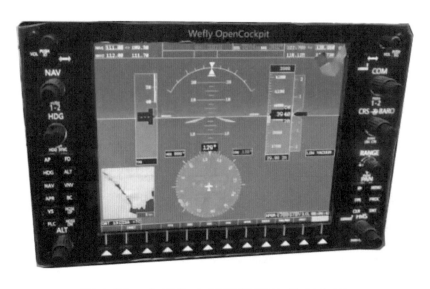

图 1.24　电子仪表显示数据的 T 形布局

1.3　探究飞机的飞行奥秘

庄子《逍遥游》中写到："夫列子御风而行,泠然善也,旬有五日而后反。"人类自古就渴望飞上蓝天,对飞行活动进行了数个世纪不懈的探索。早期的飞行活动是依靠滑翔机或热气球进行的。直到莱特兄弟试飞成功,才实现了人类历史上第一次带动力的、持续的、可控的飞行。一个物体在受到两个力作用时,如果能保持静止或匀速直线运动,我们就说物体处于平衡状态。那么飞机是怎样克服重力实现稳定飞行的,本节就具体介绍飞机升力产生的奥秘(见图1.25)。

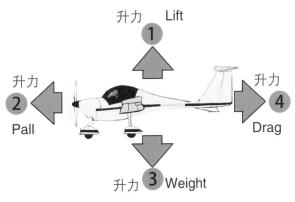

图 1.25　飞机的受力平衡

1.3.1　流体力学基础

1. 相对运动原理

空气动力是空气相对于飞机运动时产生的,没有飞行速度,在飞机上就不会产生空气动力。因此,要了解飞机的飞行原理,首先应该了解飞机与空气之间的相对运动规律。

只要空气和物体有相对运动,就会对物体产生空气动力。例如,大风吹过房屋时可以把屋顶掀翻,还可以将大树连根拔起,这些都是空气流过物体时对物体产生了力的结果。飞机上产生的空气动力就是空气和飞机之间有了相对运动的结果。事实证明,只要空气与物体之间的相对速度相同,所产生的空气动力也就相同,称为相对运动原理。例如,飞机以速度 v 在静止的大气中飞行或者空气以相同的速度 v 流过静止的飞机。前一种飞机运动,空气静止;后一种飞机静止,空气运动,但是在飞机上产生的空气动力完全相同。

在研究飞机上的空气动力及气流的变化规律时,为了研究方便,可以采取让飞机静止不动,而使空气以相同的速度流过飞机表面。此时,飞机上产生的空气动力效果与飞机以同样的速度在空气中飞行所产生的空气动力效果完全一样。风洞试验①就是依据相对运动原理进行的。在风洞试验时，为了模拟飞机在天空中的飞行情况，可以让模型固定不动，让气流吹过模型，这样就大大简化了试验技术。因此，相对运动原理广泛地被航空、航天以及航海和交通运输等领域采用（见图 1.26）。

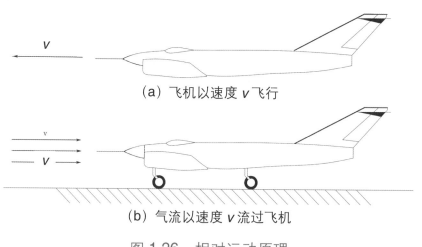

（a）飞机以速度 v 飞行

（b）气流以速度 v 流过飞机

图 1.26　相对运动原理

2．连续性定理

我们学过质量守恒定律，质量守恒定律是自然界基本的定律之一，其应用在流体的流动中则称为连续性定理。当流体连续不断地、稳定地流过一个粗细不等的流管时，由于流管中任一部分的流体都不能中断或堆积起来，因此根据质量守恒定律，在同一时间，流过流管任意截面的流体质量应该相等，这就是流体的连续性定理（见图 1.27）。

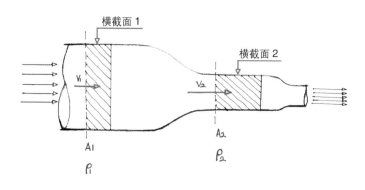

图 1.27　流体在变截面管道中的流动

---

① 风洞是以人工的方式产生并且控制气流，用来模拟飞行器或实体周围气体的流动情况、量度气流对实体的作用效果，以及观察物理现象的管道状试验设备，是进行空气动力试验最常用、最有效的工具之一。

在截面积大的位置流速低,在截面积小的位置流速高,也就是说,在同一管道的任一截面上,流速和管道横截面面积成反比。

如果站在河岸观察河水流动时,会看到河水在浅而窄的地方流得快,在宽而深的地方流得慢。在山区还可看到,山谷里的风经常要比平坦开阔的地方大。这些现象说明了流体的流速快慢与过道的宽窄有关。这些现象都是连续性定理在自然界中的表现(见图 1.28)。

图 1.28　山谷里的风通常比平原大(吕玲珑　摄《中国国家地理》)

3. 伯努利定理

流体在流动中,不仅流速和流管切面之间互相联系着,而且流速和压力之间也是互相联系的。例如,向相距很近的两张平行纸张中间的缝隙吹气,两张纸不是分开,而是相互靠近(见图 1.29)。两条相距很近的船在水中并行,也会互相靠拢。伯努利定理就是阐述流体在流动中流速和压力之间关系的,是能量守恒定律在流体流动中的应用,也是流体流动的另一个重要定理。

图 1.29　平行纸张吹气实验

连续性定理和伯努利定理是空气动力学中两个最基本的定理,它们说明了流管截面积、气流速度和压力三者之间的关系。综合这两个定理,可以得出以下结论:流体在管道中流动时,凡是截面积小的地方,流速就大,压强就小;凡是截面积大的地方,流速就小,压强就大。

1.3.2　升力与阻力

1. 升力的产生

在学习升力的产生之前,我们先来看下面这个例子,相同的时间,相同的起点和终点,小狗的速度和人的速度哪一个更快?很明显,小狗走的路程更多,所以小狗的速度更快(见图 1.30)。

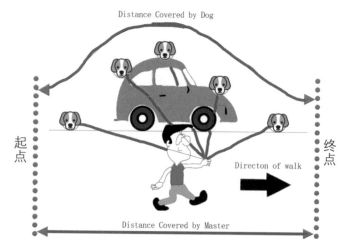

图 1.30　升力的产生示意图

1）基本原理

当气流经过机翼前缘时，气流被分成两部分，一部分空气向上绕过机翼前缘流过机翼上表面，另一部分空气在机翼下表面通过。由连续性定理或小狗与人速度对比分析可知，流过机翼上表面的气流，比流过下表面的气流的速度更快。由伯努利定理可知，机翼上表面的压力降低，机翼下表面的压力增大。这样上、下翼面之间产生压力差，从而产生了翼型表面的空气动力，在垂直于相对气流方向上的分量就是机翼的升力，用 L 表示。

翼弦与相对气流速度之间的夹角叫迎角，用 α 表示，如图 1.31 所示。迎角不同，相对气流流过机翼时的情况就不同，产生的空气动力就不同。所以迎角是飞机飞行中产生空气动力的重要参数。迎角有正负之分，即相对气流方向和翼弦平面下表面的夹角为正迎角，相对气流方向和翼弦平面上表面的夹角为负迎角。飞行时绝大多数时间内飞机处于正迎角状态。机翼的迎角改变后，流线谱会改变，压力分布也随之改变，压力中心发生前后移动。相对气流方向与翼弦重合，迎角为零。飞行中，飞行员可通过前后移动驾驶盘来改变迎角的大小和正负（见图 1.32）。

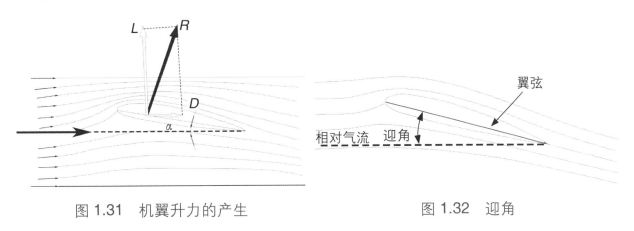

图 1.31　机翼升力的产生　　　　　图 1.32　迎角

2）增升装置

飞机的升力主要随飞行速度和迎角的变化而变化。如果低速飞行，则要求较大的升力系数和迎角，机翼才能产生足够的升力来维持飞行。用增加迎角的方法来增大升力系数是有限的，因为迎角最多只能增大到临界迎角。因此，为了保证飞机在起飞和着陆时仍有足够的升力，需在机翼上装设增大升力系数的装置，即增升装置。目前使用比较广泛的增升装置有前缘缝翼、前缘襟翼、后缘襟翼等（见图1.33）。

图1.33 后缘增升装置（美篇）

2．阻力的产生

机翼上总空气动力 R 除分解为升力 L 外，还分解出一个与飞行方向平行且方向相反的阻力 D。阻力是与飞机运动方向相反的空气动力，阻碍飞机前进，按照产生阻力的原因不同，可以分为摩擦阻力、压差阻力、诱导阻力、干扰阻力、激波阻力等（见图1.34和图1.35）。

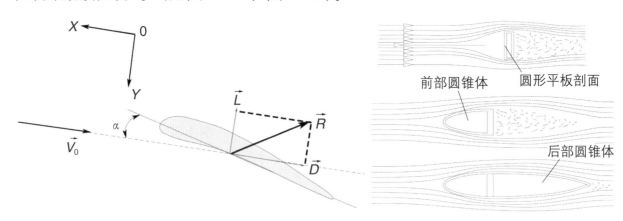

图1.34 飞机阻力的产生   图1.35 物体形状对压差阻力的影响

干扰阻力：飞机各部分之间因气流相互干扰而产生的一种额外阻力。这种阻力容易产生在机身和机翼、机身和尾翼、机翼和发动机短舱、机翼和副油箱之间（见图1.36）。

诱导阻力：由于翼尖涡[①]的诱导，导致气流下洗，在平行于相对气流方向出现阻碍飞机前进的力，这就是诱导阻力（见图 1.37）。

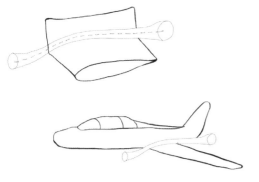

图 1.36　机翼和机身结合部气流
　　　　　的相互干扰

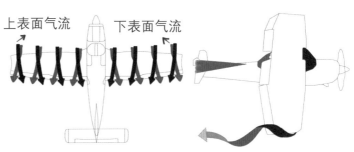

上表面气流　　　下表面气流

图 1.37　翼尖涡流

1.3.3　操纵与稳定

研究飞机的平衡、稳定和操纵原理时，为了描述飞机的空间位置、运动轨迹、气动力和力矩等向量，需要采用相应的坐标系。常用的坐标系有地面坐标轴系、机体坐标轴系、气流坐标轴系和航迹坐标轴系等，这些坐标系都是三维正交右手系。为了研究问题的方便，一般选用机体坐标轴系来研究飞机的运动规律（见图 1.38）。

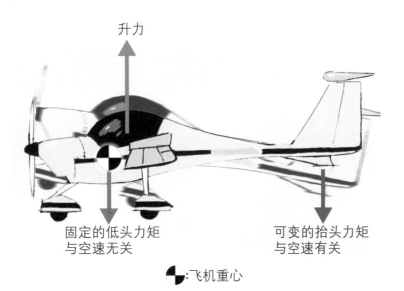

升力

固定的低头力矩
与空速无关

可变的抬头力矩
与空速有关

◗：飞机重心

图 1.38　飞机机体坐标轴和重心

---

① 机翼产生升力时在翼尖拖出的一对反向旋转的轴状涡，又称尾涡。

飞行中飞机姿态的改变都是绕着以上三个轴中的一个或多个转动,飞机绕纵轴的转动称为滚转,绕立轴的转动称为偏航运动,绕横轴的转动称为俯仰。

1. 飞机的操纵性

飞机的操纵性是指飞机对驾驶员操纵做出反应、改变其飞行状态的特性,也就是飞机按照驾驶员的意图做各种动作的能力。飞机在空中的操纵是通过升降舵、方向舵和副翼这三个操纵面进行的。转动这三个操纵面,在气流的作用下就会对飞机产生操纵力矩,使之绕横轴、立轴和纵轴转动,以改变飞行姿态。

如果飞机在飞行时,不需要飞行员做复杂的操纵动作,并且飞机的反应也不过分敏捷或者过分迟钝,那么就认为该飞机具有良好的操纵性,飞机除了能稳定飞行外还应具有良好的操纵性。实际上,飞机如果不稳定,虽然飞行很困难,但是还能勉强飞行,然而飞机如果不能操纵,则根本不能飞行。同稳定性一样,操纵性可分为俯仰操纵性、方向操纵性和横侧操纵性。

(1) 飞机的俯仰操纵性是指飞行员操纵驾驶盘偏转升降舵后,飞机绕横轴转动而改变其迎角等飞行状态的特性。

(2) 飞机的方向操纵性是指飞行员用脚蹬操纵方向舵以后,飞机绕立轴偏转而改变其侧滑角等飞行状态的特性。

(3) 飞机的横侧操纵性是指驾驶员通过操纵副翼使飞机绕纵轴转动而改变其滚转角速度、坡度等飞行状态的特性。

2. 飞机的稳定性

飞机的稳定性是指飞机受扰动偏离原来平衡位置后,不需要人为的干预,靠自身特性能自动恢复到原来平衡状态的能力。

为了更好地说明稳定性的概念和分析具备稳定性的条件,首先来研究圆球的稳定问题。如图 1.39 所示的 3 种情况,设圆球原来处于平衡状态。现在给它一个瞬时小扰动,例如推它一下,使其偏离平衡状态,我们来讨论在取消扰动后,圆球能否自动回到原来的平衡状态。

图 1.39（a）所示的圆球,在扰动消失后,其在弧形槽中经过若干次来回摆动,最后自动地恢复到原来的平衡位置,这种情况称为稳定;图 1.39（b）所示的圆球,在扰动消失后,就停在扰动消失时的位置,既不继续偏离原来的平衡位置,也不自动地恢复到原来的平衡位置,这种情况称为中立稳定;图 1.39（c）所示的圆球,在扰动消失后,其沿弧形坡道滚下,偏离原来的平衡位置越来越远,不能自动地恢复到原来的平衡位置,这种情况称为不稳定。

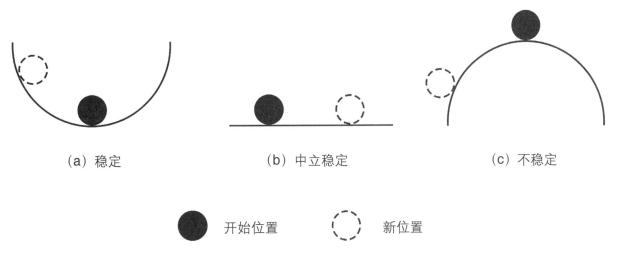

（a）稳定　　　　　　　　（b）中立稳定　　　　　　　　（c）不稳定

●　开始位置　　　　○　新位置

图 1.39　圆球的 3 种稳定状态

飞机的稳定性和上述圆球的情况实质上是类似的。如果在飞行中,飞机由于外界瞬时微小扰动而偏离了平衡状态,在扰动消失后,不经飞行员操纵,飞机能自动恢复到原来平衡状态,则说明飞机是稳定的;如果不能恢复到原来的平衡状态,则说明飞机是不稳定的。

1.3.4　飞行性能

飞机的飞行性能是衡量一架飞机性能好坏的重要指标,一般包括飞行速度、航程、升限、起飞着陆性能等。

1. 飞行速度

在飞机的飞行性能中,飞行速度是最重要的性能指标。飞行速度主要包括最大平飞速度、最小平飞速度和巡航速度等。

最大平飞速度是指飞机在一定的高度上作水平飞行时,发动机以最大推力工作所能达到的最大飞行速度,通常简称为最大速度。这是衡量飞机性能的一个重要指标。民用飞机的飞行速度一般在 800 ~ 1000 千米 / 时,以确保平稳的飞行安全。军用飞机或喷气式飞机的速度要高得多,根据实际需要可能达到 1200 ~ 1500 千米 / 时以上。飞机的速度取决于不同机型的不同需求。

最小平飞速度是指飞机在一定的飞行高度上维持飞机定常水平飞行的最小速度。飞机的最小平飞速度越小,它的起飞、着陆和盘旋性能就越好。在一般情况之下,小飞机的最小平飞速度很小,大约只有 100 千米 / 时;而普通客机的最小平飞速度会超过 200 千米 / 时。

巡航速度是指发动机在每千米消耗燃油最少的情况下飞机的飞行速度。这个速度一般为飞机最大平飞速度的 70% ~ 80%,如波音 747-800 正常巡航速度约为 917 千米 / 时。巡航速度是飞行经济性的重要参考指标。

2. 航程

航程是指在载油量一定的情况下,飞机以巡航速度(不进行空中加油)所能飞越的最远距离,它是一架飞机能飞多远的指标。轰炸机和运输机的航程是设计中最主要的性能要求。提高航程的主要办法是减小发动机的燃油消耗率,增加飞机的最大升阻比。在飞机总重一定的情况下,减小结构重量、增加飞机载油量也可以增大航程。按照执飞的航线或飞机性能角度,可以将运输飞机分为短航程、中航程、长航程 3 类。欧洲航空安全组织认为短航程为少于 1500 千米,中航程为 1500 ~ 4000 千米,长航程为大于 4000 千米。美国的航空公司认为中、短航程为小于 3000 英里(约 4800 千米),长航程为大于 3000 英里。在以往的分类中,宽体飞机一般都是长航程,单通道飞机一般都是中、短航程,短航程主要是支线飞机。但随着支线飞机性能的提升,其航程与单通道飞机差别不大,中、短航程飞机已经很难区分,通常分为最大航程、实用航程和战术航程。

最大航程:飞机一次加满油,在无风和标准大气下,采用千米耗油量最小的飞行高度、速度,油料耗尽时所能飞行的水平距离。

实用航程:飞机一次加满油在无风和标准大气条件下,采用千米耗油量后所能飞行的最大水平距离。

战术航程：飞机一次加满油,扣除战斗活动所需油量、备份油量和地面耗油后所能飞行的最大水平距离。

3．升限

飞机能进行平飞的最大飞行高度,有理论升限与实用升限两个概念。理论升限是飞机能维持等速平飞的最大高度,在此高度上飞机只能以唯一的速度作等速平飞。

随着高度的增加,剩余推力越来越小,最大爬升率也随之变小渐至为零,所以要达到爬升率为零的高度所需要的时间将为无穷大,因此,用定常直线上升的办法实际上达不到这样的高度,故称这一高度为理论升限。在实践中规定最大爬升率略大于零的某一定值（对喷气式飞机通常取 5 米／秒）所对应的高度为实用升限。以波音 737-800 客机为例,最大升限约为 12500 米。

4．影响因素

1）密度高度

空气温度或湿度增加或者气压减小都会形成高密度高度,降低了发动机的输出功率和螺旋桨的效率。

发动机产生的功率与空气的重量或密度成正比。因此,当空气密度降低时,发动机的输出功率降低。

在高密度高度条件下,不可能提供额外的发动机输出功率或螺旋桨效率。因此,飞机的性能会大幅降低。

2）风对飞机性能的影响

地面风在飞机起飞和着陆过程中对飞机的影响效果和高空中风对飞行中的飞机的影响是相反的。在起飞过程中,顶风可以缩短起飞滑跑距离、增加爬升角度,可以提高起飞性能,用以补偿在高密度高度时的性能损失;但顶风减小了地速,增加了飞行的总油耗。

3）跑道道面情况和跑道宽度

起飞距离受跑道道面情况的影响明显。如果跑道泥泞、潮湿、松软、不平或被很高的草所覆盖,这就像是对飞机作用了一个减速的外力,使飞机起飞距离增加,但减小了着陆距离。但是,着陆时结冰或积雪等因素会影响刹车效果,从而增加着陆滑跑距离。

4)地面效应

当飞机在相当于一个翼展的高度飞行时,气流的垂直分量可能会发生一些变化,使围绕机翼的正常气流模式从翼尖开始发生变化。这种变化改变了飞机的相对风的方向,从而产生一个很小的迎角,导致机翼在指定的迎角和有地面效应时比没有地面效应时产生的诱导阻力小,机翼效率更高。

1.4　做一次固定翼飞行达人

在学习完飞机有关的基础知识后,可以综合所学知识制作一架属于自己的固定翼航模,做一次飞行达人吧。

1.4.1　准备工作

首先需要准备航模所需材料:魔术板机身×1、舵机拉杆×4、快速调节器×4、碳杆×2、舵机×2、遥控器×1、接收机×1、无刷电调×1、无刷电机×1、桨叶×1、锂电池×1、魔术贴扎带×1,可以直接购买蓝切线航空材料包。

准备组装工具:纤维胶带、钻孔工具、热熔胶枪、热熔胶棒、美工刀、螺丝刀(见图1.40)。

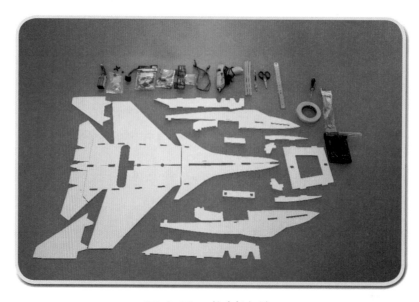

图1.40　物料清单

1.4.2　制作步骤

（1）按物料清单将所有材料放置于桌面上并整理好，避免制作过程中遗失。

（2）取出电机底座，将底座与电机的四个螺丝孔对齐并使用螺丝刀拧紧（见图 1.41）。

（3）将航模机身的各部分取下，边缘的水口需要使用美工刀去除干净（见图 1.42）。

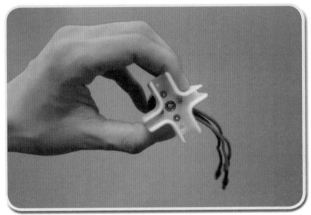
图 1.41　电机底座

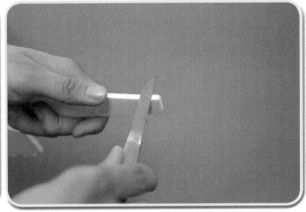
图 1.42　美工刀去边

（4）使用热熔胶枪，将机头的两片粘合起来（见图 1.43）。

沿着魔术板外围一圈粘合起来即可，刚粘上时需用力压紧。首次使用热熔胶枪时需注意，热熔胶枪枪头高温，请勿触碰。

（5）将机头的中间部分插入刚才贴合的两片魔术板上，并在适当的位置打上热熔胶（见图 1.44）。

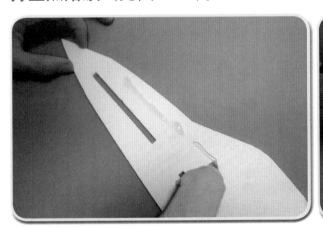
图 1.43　热熔胶枪粘合机头

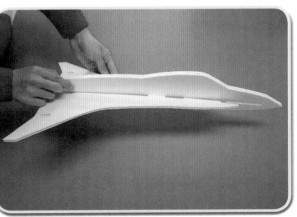
图 1.44　粘合机头的中间部分

（6）这样，机头部分制作便完成了，如图 1.45 所示。

（7）接下来开始制作机身。将机身上的尾翼与副翼小心取下，并打磨好水口（见图 1.46）。

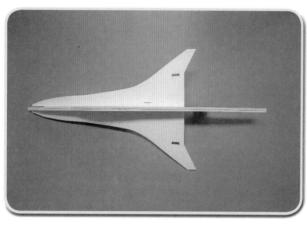
图 1.45　机头制作完成效果

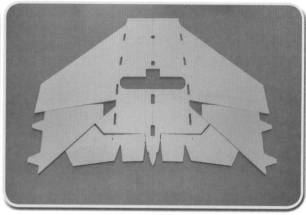
图 1.46　机身部分物料

（8）取出机翼，在合适的地方用直尺画一条直线（见图 1.47）。

（9）将机翼沿直线外侧切成 45°左右斜面，为舵面的活动提供多余的空间（见图 1.48）。

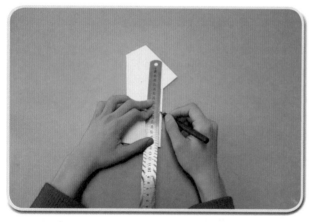
图 1.47　用直尺画一条直线

图 1.48　斜切 45°机翼

（10）使用热熔胶沿中线将机身粘合起来，热熔胶晾干后再使用纤维胶加固（见图 1.49）。

温馨提示： 纤维胶粘合力较强，应当用剪刀或美工刀裁剪，千万不要用手去撕扯，如图 1.50 所示。

（11）机身安装好后，将它与机头连接，并在机头与机身之间固定上碳杆（见图 1.51）。

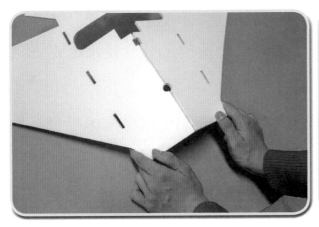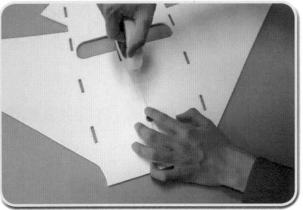

图 1.49　纤维胶加强机身

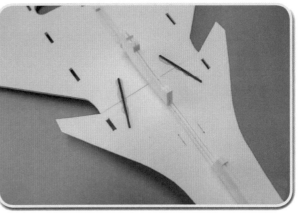

图 1.50　用美工刀裁剪机身　　　　图 1.51　固定机头与机身

温馨提示：机身与机头一定要对齐,碳杆必须使用纤维胶加固,如图 1.52 所示。

（12）碳杆安装完毕后就可以安装电机了,在电机底座的内部涂上热熔胶并用力按压使其贴合（见图 1.53）。

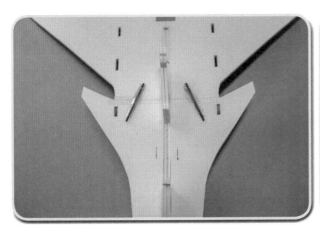

图 1.52　机头与机身完成效果　　　　图 1.53　安装电机

温馨提示：电机的三根端子线应朝向机腹一侧，方便连接电调。注意此时千万不要安装桨叶，以免误操作造成损伤！组装与调试的时候永远是上电不上桨，这一点要切记！

（13）使用热熔胶，将机身底部侧面魔术板垂直安装于机身魔术板上（见图 1.54）。

图 1.54　底部侧面魔术板与底面魔术板垂直安装

（14）将碳杆穿过侧面魔术板的小孔，在两端用热熔胶和纤维胶带加固（见图 1.55）。

（15）在侧面魔术板的顶部涂上热熔胶，将底板安装并固定好（见图 1.56）。

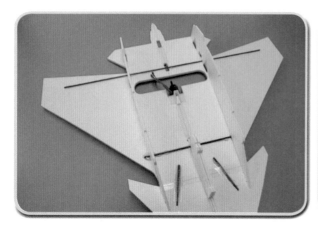

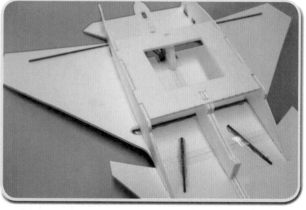

图 1.55　将碳杆穿过侧面魔术板的小孔并固定

图 1.56　底板安装并固定

（16）使用纤维胶带将机翼、尾翼安装于机身,中间应留有缝隙以便舵面活动自如（见图1.57）。

（17）将舵机机臂的顺数第二孔进行扩孔,如图1.58所示

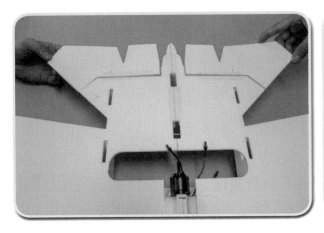

图 1.57　机翼、尾翼与机身固定

图 1.58　舵机机臂扩孔

温馨提示: 扩孔工具可以使用模型电钻、手钻、尖锐的镊子等,但孔径不要扩得过大以免拉杆松动。有时也需要根据实际情况在其他的孔位进行扩孔。

（18）将拉杆与舵臂按图1.59所示连接好。

（19）将舵机与电调连接并进行校准。电机、电调、舵机、电池、接收机之间的连接方式如图1.60所示。

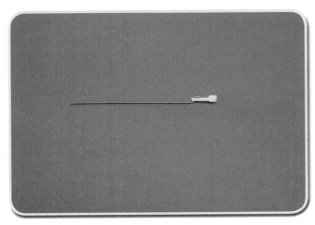

图 1.59　连接拉杆与舵臂

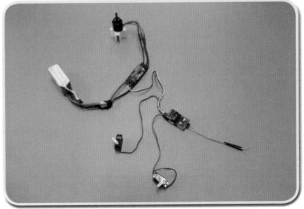

图 1.60　电调校准

温馨提示:

① 电机与电调的连接方式:红线对红线、黑线对黑线、信号线对信号线（见图1.61）。

② 舵机与接收机的连接方式：升降翼连接通道 1 与通道 2，连接时注意电极方向（见图 1.62）。

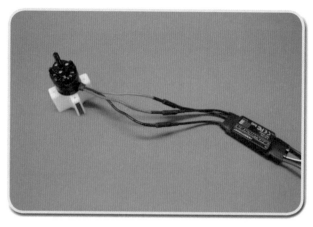

图 1.61　电机与电调连接

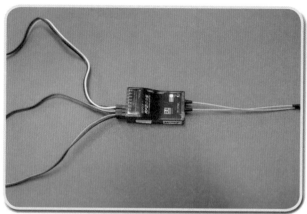

图 1.62　舵机与接收机连接

③ 接收机与电调的连接方式：在电极方向正确的情况下将端子接在通道 3 处（见图 1.63）。

④ 电调与电池的连接方式：直接使用 T 插（电流插头线分 MINI T 型插，T 形插头，TRX 插头）连接即可，注意连接时端子可能会因瞬间接触产生电火花，这是正常现象，不必过于担心（见图 1.64）。

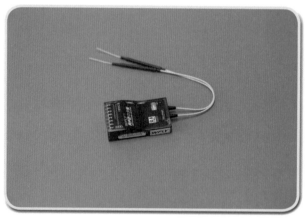

图 1.63　接收机接线

图 1.64　接收机连接

（20）接下来便可以进行电机和舵机的测试了。通常遥控器是配备接收机的，如果可以连接就可以忽略对频过程。若遥控器与接收机不是一套的，就要进行对频。以天地飞遥控器为例，对频方法如下。

① 将电机与电调的三个端子连接（顺序没有具体要求），再将电调的信号

线接到接收机的第三通道上。将对码器（注意正负极）插到接收机的对应通道上（见图1.65）。

② 将电调与电池连接，此时接收机的指示灯会闪烁。

③ 打开遥控器电源，接收机指示灯闪烁后熄灭。拔下对码器，接收机指示灯常亮，并有提示音，对码完成。此时拔下电池连接，关闭遥控器电源，重新连接，校正油门行程，测试能否正常工作（见图1.66）。

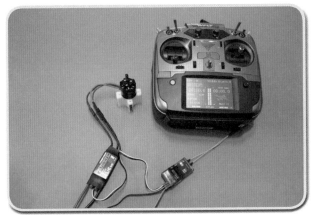

图 1.65　接收机对码

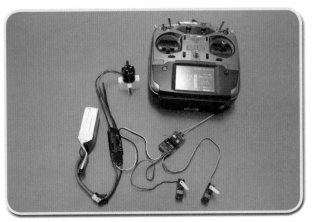

图 1.66　接收器对码成果

温馨提示：正常使用后，先开启遥控器，然后连接电池给航模通电。关闭时需要先断开电池连接再关闭遥控器电源。

（21）测试好之后就可以进行舵机的初步校准，然后将各个部分进行暂时拆除，开始安装舵机臂（见图1.67）。

（22）将快调与舵角按图1.68所示的方式连接。

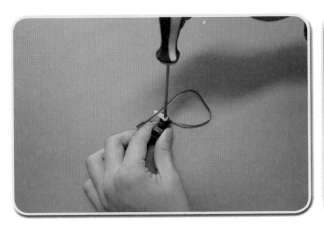

图 1.67　舵机臂固定

图 1.68　快调与舵角连接

（23）将快调与舵角安装于航模上，如图1.69所示。

（24）将拉杆安装于舵机与舵角之间，快调可暂时不拧上螺丝，最后再进行机翼的调试，如图 1.70 所示。

图 1.69　快调与舵角安装

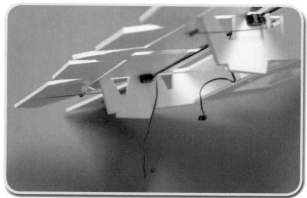

图 1.70　拉杆安装

（25）用卡扣将舵角固定好，如图 1.71 所示。

（26）导向轮安装好以后就可以使用双面胶将电调、接收机固定于航模的机腹内，如图 1.72 所示

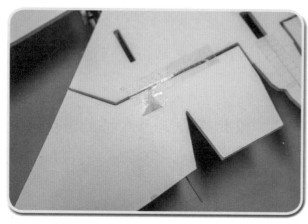

图 1.71　舵角固定

图 1.72　附件安装效果

（27）用绑带固定电池（见图 1.73）。

（28）把垂直尾翼使用热熔胶粘在机身上，如图 1.74 所示。

（29）至此航模制作已经基本完成，接下来进行舵机的调试（见图 1.75）。

（30）最后就可以安装桨叶和电机保护罩了（见图 1.76）。

飞行前要保证所用锂电池电容量达标，下面讲解使用 BB 响低压报警器等设备对锂电池电容量测定的方法步骤（见图 1.77）。

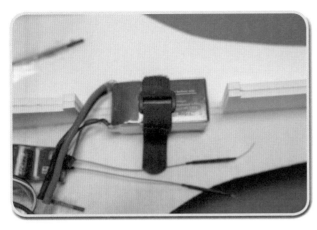

图 1.73　电池固定

图 1.74　垂尾安装

图 1.75　舵机调试

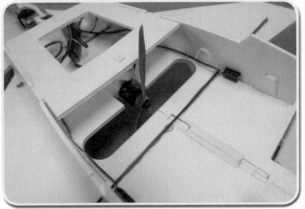

图 1.76　安装桨叶和电机保护罩

　　至此,固定翼航模的制作就完成了(见图 **1.78**),为避免发生炸机等不安全飞行事件发生,建议飞手在试飞前先通过飞行模拟器进行基本飞行动作训练,再去户外开阔场地飞行。

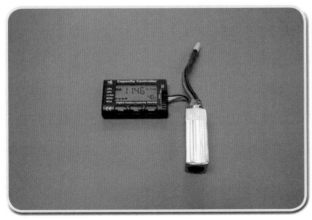

图 1.77　锂电池电容量的测定

图 1.78　整机完成效果

1.4.3 调试试飞

（1）飞行前尽可能清理飞行场地。

（2）充分注意周边环境，请勿在强风、雨天或夜晚飞行，请勿在通风不畅或建筑物内飞行，请勿在学校、住宅或医院等人员众多及高大建筑物附近飞行。

（3）迎风起飞，迎风降落。起飞和降落是每次飞行中的两个重要环节。首先需要掌握好起飞和着陆的原理和技巧。航模滑翔机起飞之前首先要观察周围环境，影响起飞的首要条件是风向、风速，最主要的一点就是迎风起飞。

本 章 小 结

本章以歼-10为例，介绍了飞机的机身、机翼、尾翼、起落架、发动机各部分的结构和作用，以及飞行原理。在此基础上学习了固定翼航模的制作过程，相信大家通过本章的学习对飞机有了进一步的了解和认识。

思 考 题

（1）歼-10属于什么翼型的飞机，这种翼型有什么优势？

（2）飞机的各种系统之间是怎样分工合作的？

（3）飞机用哪些装置来进行导航，和汽车有什么不同？

（4）飞机在飞行过程中升力和阻力存在怎样的关系？

（5）请记录你制作的固定翼航模的平均飞行时间和最大飞行距离。

第2章

从直-11看旋翼机的空中绝技

直升机是我们常见的航空器,越来越广泛地应用于航空摄影、应急救援、森林消防、工农业生产等行业。人类有史以来就向往着能够自由飞行,古老的神话故事诉说着人类早年的飞行梦,而梦想的飞行方式都是原地腾空而起,像旋翼机那样既能自由飞翔又能悬停于空中,并且随意实现定点着陆。例如阿拉伯人的飞毯、希腊神的战车,都是垂直起落飞行器。旋翼机和直升机不仅可以像固定翼飞机一样飞行,还能悬停在空中和在限定的面积内垂直起降,其优良的机动性远非固定翼飞机所能比拟。因此,直升机的应用在世界各国十分普及。旋翼机和直升机都属于旋翼航空器,直-11是中国自行设计研制的第一型具有自主知识产权的轻型直升机。本章我们将从直-11认识直升机。

2.1　体会直升机的小巧玲珑

虽然直升机的大小和形状差别很大,但是大多数直升机的主要组成部分都是一样的,通常包括机身、旋翼、尾桨、起落架、发动机、传动装置及其他附件系统,如图 2.1 所示。

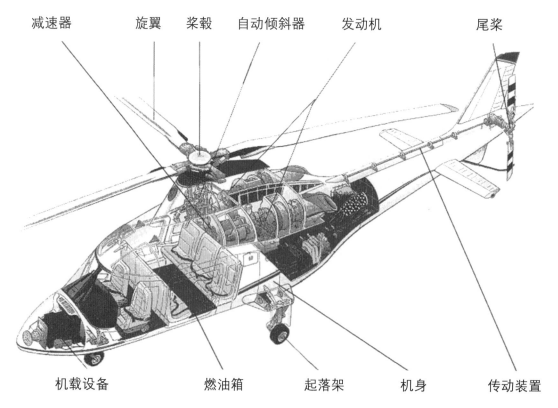

图 2.1　直升机主要组成部分（私人飞机网）

2.1.1 机身

机身是直升机的基体,主要用于支持和固定发动机、主减速器、旋翼、尾桨和起落装置等部件,支持和容纳操纵系统、液压系统、燃油系统,也支持和容纳电气、电子、仪表等机载设备,武装直升机还要支持和容纳武器系统。

机身内部所包容的空间构成了驾驶舱、客(货)舱和各种设备舱,用于容纳乘员、货物以及携带供飞行使用的燃油和各种电子设备。

近年来,复合材料[①]日益广泛地应用于机身结构,其强度比航空铝材高,可以大大减轻结构重量,而且破损安全性能好,成型工艺简单,所以受到人们的普遍重视。直-11 在 1994 年首飞时属于比较先进的产品,其复合材料旋翼和涡轴-8D 发动机都达到了 20 世纪八九十年代的国际先进水平,这为该机的后续改进留下了充足的空间(见图 2.2)。

图 2.2 装有涵道尾桨的直升机(崔文斌 摄)

2.1.2 旋翼

旋翼是直升机的象征,也是直升机的关键部件,它不仅提供直升机的升力和前进力,而且提供直升机的纵向和横向操纵力矩。旋翼和尾桨协同实现直升机航向操纵。

---

① 由具有独立物理和化学性质的多个物理相组成的材料体系。

直升机上可以有一个或两个旋翼。对于通常的双旋翼系统,旋翼的旋转方向是相反的以抵消彼此的转矩,从而保持整体稳定。

2.1.3 尾桨

尾桨是用来平衡反扭矩和对直升机进行航向操纵的部件。旋转的尾桨相当于一个垂直安定面,能对直升机航向起稳定作用。

尾桨的结构形式有跷跷板式、万向接头式、铰接式、无轴承式、涵道尾桨式等。

涵道尾桨是把尾桨置于机身尾斜梁的涵道中。涵道风扇直径小,叶片数目多。前飞时尾面可以提供拉力,优点是可以减小尾桨的需用功率,避免地面人员或机外物体与尾桨相碰撞,安全性好。缺点是在悬停时涵道风功率消耗偏大,对直升机悬停和垂直飞行性能不利。

2.1.4 起落装置

直升机起落装置的主要作用是吸收在着陆时由于有垂直速度而带来的能量,减少着陆时撞击引起的过载[①],以及保证在整个使用过程中不发生"地面共振"[②]。此外,起落装置往往还用来使直升机具有在地面运动的能力,减少滑行时由于地面不平而产生的撞击与颠簸。

在陆地上使用的直升机起落装置有机轮式起落架和滑橇式起落架(见图 2.3)。如果要求直升机具备在水面起降或应急着水迫降能力,一般要求有水密封机身和保证横侧稳定性的浮筒,或应急迫降浮筒。对于舰载直升机,还需装备特殊着舰装置,如拉降设备等。

直升机的起落装置最常见的是滑橇式,适合在不同类型的表面上起降。一些滑橇式起落架装备了减振器以减少着陆冲击和振动传递到主旋翼,还有些利用滑橇支撑臂的弯曲来吸收振动。起落架也可装配能够更换的重载滑橇靴以防止过度磨损。

---

① 作用在飞机上除重力以外所有力的合力与飞机重力之比值。又称载荷因数,是有方向性的无量纲。
② 直升机在地面工作时发生的旋翼与机体之间耦合的自激振动。

图 2.3　滑橇式起落架（刘军 摄）

直升机也可以装备浮筒进行水上作业，或者装备滑雪板以降落在雪地或者柔软的地面上（见图 2.4）。

机轮是另外一种形式的起落架，可以是三点式或者是四点式配置。通常为了方便直升机在地面上滑行，机首或者机尾的起落架设计成可以自由旋转的，如图 2.5 所示。

图 2.4　浮筒式起落架（中航网）

图 2.5　机轮式起落架（刘军 摄）

2.2 探索直升机的家族成员

2.2.1 按用途分类

直升机按用途可分为军用直升机和民用直升机两大类,如图 2.6 所示。

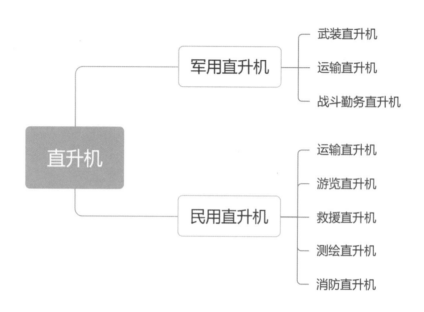

图 2.6 直升机按用途分类

军用直升机包括武装直升机、运输直升机和战斗勤务直升机。武装直升机上装有武器系统,用于攻击地面、水面（或水下）及空中目标。

民用直升机已经应用于我们生活的各个领域,按用途细分太过繁杂,如商务短途运输、空中游览、医疗救援、航空测绘、灭火消防、农林喷洒和航空物探等。同一种机型可以根据用途不同改装设备和构型。

2.2.2 按构型分类

直升机按构型可分为单旋翼直升机和双旋翼直升机。

1. 单旋翼直升机

单旋翼直升机上仅配有一套旋翼。为克服旋翼的反作用力矩和实现方向控制,在机身尾部安装有尾桨。这是目前应用最广泛、技术最成熟和数量最多的直升机结构形式。

单旋翼直升机按有无尾桨可分为单旋翼带尾桨、单旋翼无尾桨和涵道尾桨。

1）单旋翼带尾桨

单旋翼带尾桨直升机的一个水平旋翼负责提供升力，尾部一个小型垂直旋翼（尾桨）负责抵消旋翼产生的反扭矩，如图2.7中的AC-313直升机。

图2.7 AC-313直升机（科技扒一扒）

2）单旋翼无尾桨

单旋翼无尾桨直升机的一个水平旋翼负责提供升力，机身尾部侧面有空气排出，与旋翼的下洗气流相互作用产生侧向力来抵消旋翼产生的反扭矩（见图2.8和图2.9）。如美国的MD500系列直升机。

无尾桨直升机的尾梁变成一整根通风管，在尾梁根部装有一个由传动系统驱动的涡轮风扇，将空气吸入并加压之后送进尾梁。

在尾梁的右侧开缝，压缩空气会遵循"康达效应"[①]贴着尾梁右侧外壁向下喷出，同时引入旋翼的下洗气流汇入。

---

① 康达效应（coanda effect）又称附壁作用。流体（水流或气流）由偏离原本流动方向，改为随着凸出的物体表面流动的倾向。当流体与它流过的物体表面之间存在表面摩擦时（也可以说是流体黏性），只要曲率不大，流体就会顺着该物体表面流动。这种作用是以罗马尼亚发明家亨利·康达为名的。

尾梁两侧空气遵循伯努利定理，因为流速不同产生压力差，进而在尾梁上产生拉力（或推力）。在悬停飞行时，这可以提供大约 2/3 的反扭转力矩代替传统尾桨发挥作用。飞行员通过脚蹬控制出风量的大小来改变尾梁拉力（或推力）的大小。

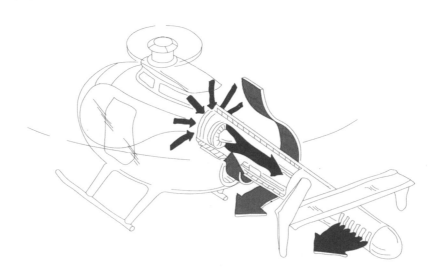

图 2.8　无尾桨直升机工作原理示意图

无尾桨直升机的噪声较小，简化了相对复杂的传动系统，减小了振动并解决了传统裸露式尾桨伤人的问题。但其尾部涡轮消耗能量大且能量利用效率低，操纵反应也相对迟缓。

图 2.9　MD520（极客飞机网）

3）涵道尾桨

涵道尾桨是在垂尾中制成筒形涵道,在涵道内装尾桨叶和尾桨毂,利用涵道产生附加气动力（见图 2.10）。

图 2.10　直-19（中国军网）

涵道尾桨提供的性能与普通尾桨相比,无论在重量方面还是在价格方面,都具有很好的竞争性。它在安全性、可靠性和维护性方面也具有很大的优势。由于涵道尾桨的周边是遮蔽的,尾桨翼尖附近的气流情况大大简化,翼尖速度较高也不至于增加噪声。屏蔽罩也使前后方向上的噪声大大减小。

涵道尾桨的缺点是风扇的包围结构增加了较大的重量,这个问题随涵道尾桨直径增加而急剧恶化,所以涵道尾桨难以应用到大型直升机上。

2．双旋翼直升机

双旋翼直升机按照两个旋翼排列位置不同可分为纵列式直升机、横列式直升机、共轴式直升机和交叉式直升机四种类型。

1）纵列式直升机

纵列式直升机的两副旋翼沿机体纵轴前后排列,且旋转方向相反,用以互相抵消反作用力矩。其载重量大,具有良好的悬停性能；但是机体大,机动性较差。代表机型为美国 CH-47 "支奴干"直升机（见图 2.11）。

图 2.11　CH-47"支奴干"直升机（刘军 摄）

2）横列式直升机

横列式直升机的两个旋翼左右横向排列,旋翼轴间隔较远,旋转方向相反。例如,苏联米里设计局研制的米-12直升机（见图2.12）。

图 2.12　米-12 直升机（世界先进制造技术论坛）

横列式直升机的平衡性非常好,但是其缺点与纵列式直升机差不多,自重和气动阻力大,操纵也比较复杂。然而,随着以 V-22"鱼鹰"为代表的倾转旋翼机的发展,横列式双旋翼直升机给人带了耳目一新的感受。

3）共轴式直升机

共轴式直升机的两副旋翼沿同一轴线上下排列安装,且旋转方向相反,用以互相抵消反作用力矩。共轴式直升机代表机型为俄罗斯的"卡"系列直升机（见图 2.13）。

图 2.13　卡-52 直升机（中国航空新闻网）

共轴双旋翼直升机没有尾桨,旋翼可以设计成完全覆盖机身,且无须向尾桨输出功率,旋翼效率充分利用,稳定性好。同时消除了尾桨及传动故障发生的可能,增加了安全性并缩短了机身。

为了防止双旋翼互相打桨,必须加大相互之间的安装距离,使得机身更高。两旋翼间的非流线不规则的结构增加了直升机的气动阻力。

4）交叉式直升机

交叉式直升机装有两副完全相同的旋翼,且旋转方向相反,用以互相抵消反作用力矩。但其两旋翼轴不平行,是分别向外侧倾斜的,且横向轴距很小,所以两副旋翼在机身上方呈交叉状。

交叉式直升机的代表机型为美国的卡曼 K-MAX 系列直升机（见图 2.14）,另外一种 HH-43 直升机是卡曼公司为美国军方研制的军用版本。

图 2.14　K-MAX 直升机（武器大讲堂）

2.2.3　按最大起飞重量分类

直升机按最大起飞重量可分为小型直升机（见图 2.15）、轻型直升机、中型直升机、大型直升机和重型直升机。

图 2.15　小型直升机

小型直升机最大起飞重量在 2 吨以下，轻型直升机最大起飞重量在 2 ～ 4 吨，中型直升机最大起飞重量在 4 ～ 10 吨，大型直升机最大起飞重量在 10 ～ 20 吨，重型直升机最大起飞重量大于 20 吨。

2.2.4　按发动机数量分类

直升机按发动机数量可分为单发直升机和双发直升机。

单发直升机是装配有单台发动机的直升机，双发直升机就是装配有双台套发动机的直升机。单发直升机有欧直的 EC-120、EC-130，贝尔-407、贝尔-206 等；双发直升机有 CA-109 直升机、AC-312 直升机等（见图 2.16）。

图 2.16　双发直升机（刘军 摄）

2.3　感受直升机的强劲动力

前面章节已经学习过活塞发动机、喷气式发动机，本节学习涡轮轴发动机。

直升机的发动机大体上分为两类，即航空活塞式发动机和航空涡轮轴发动机。

在直升机发展初期,采用了技术上比较成熟的航空活塞式发动机作为直升机的动力装置。但是它存在振动大、功率质量比和功率体积比小、控制复杂等问题。人们就借助涡轮喷气技术改进直升机动力装置,涡轮轴发动机应运而生。

实践证明,涡轮轴发动机较活塞式发动机更能适合直升机的飞行特点。当今世界上,除部分小型直升机还在使用活塞式发动机外,涡轮轴发动机已成为直升机动力装置的主要形式。

2.3.1 涡轮轴发动机原理

航空涡轮轴发动机,简称涡轴发动机,是一种输出轴功率的燃气涡轮发动机。

涡轮轴发动机与活塞发动机相比,主要优点是功率大、重量轻、体积小,不存在活塞式发动机的往复运动,振动小、噪声低。无论是航程、速度、升限还是装载量都比活塞式直升机要大,经济性也好,已经成为中大型直升机的主要动力形式。图 2.17 所示的贝尔-47 直升机,使用的是涡轮轴发动机。

图 2.17　贝尔-47 直升机（hawk 26 讲武堂）

2.3.2 涡轮轴发动机分类

涡轮轴发动机根据其动力涡轮的形式不同,可分为固定涡轮轴发动机和自由涡轮轴发动机两种。前者的动力涡轮和燃气发生器转子共同固定在同一根轴上;后者的动力涡轮和燃气发生器转子分别固定在两根轴上,动力涡轴与燃气发生器转子彼此无机械连接,动力涡轴呈"自由"状态。

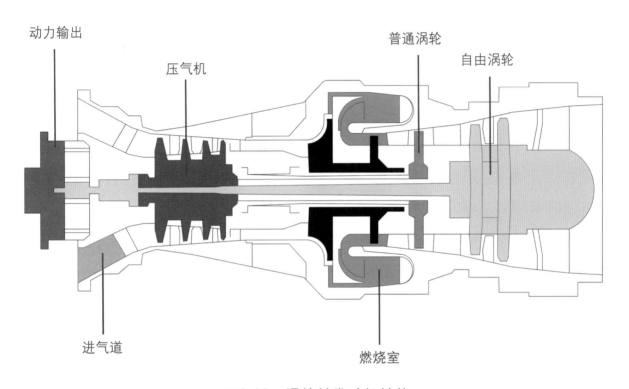

图 2.18　涡轮轴发动机结构

涡轮轴发动机采用两套涡轮,一套带动压气机,另一套则是专门输出功率的自由涡轮,也称动力涡轮。

2.4　钻研直升机的空中绝技

直升机和飞机有很多共同点,比如,都是在大气层中飞行,都是重于空气的航空器,都是利用了空气动力学的航空器,但直升机有诸多特性。

2.4.1　飞行原理

与固定翼飞机相比,直升机飞行的自由度极高,它既不需要专用起降跑道,也不需要非常空旷的飞行空间,在各种人迹罕至的地方垂直起飞降落,自由自在地穿梭于山川峡谷之中或高楼大厦之间。凭着独特的飞行特点,直升机在人类生活中扮演着难以替代的角色。

那么,直升机是如何实现任意方向自由飞行的呢?接下来学习直升机的飞行原理。

1.克服重力,产生升力

鸟在飞翔的时候,为了飞上蓝天,需要克服重力和前进的阻力。这对于所有要飞上天空的物体都是类似的,直升机也不例外。

直升机是靠机翼旋转克服重力的。可是直升机的旋翼和家用风扇相比存在着相当大的差异。风扇的叶片就是一层金属材质或其他材质做成的薄片,主要作用是能够吹出尽可能多的风,起到更好的冷却效果。但直升机的旋翼比风扇叶片复杂得多。

直升机飞行原理涉及空气动力学、飞行力学以及机械构造等很多方面的知识。旋翼的拉力垂直于旋翼锥体的底面,当向上的拉力大于直升机自重,直升机就上升;小于直升机自重,直升机就下降;刚好相等,直升机就悬停。当直升机旋翼转动时,每一片转动的桨叶上方空气流速快、压强小,下方空气流速慢、压强大,上下形成的压力差就产生了升力,当全部桨叶产生的升力大于直升机自重时,直升机就能腾空而起。

2.克服力矩,保持稳定

用过电钻的人都知道,钻东西的时候手必须要握紧把手,否则钻体可能要沿与钻头相反的方向旋转。这也是作用力(力矩)与反作用力(力矩)的体现。直升机与此类似,必须要克服旋翼的反作用力矩。

图 2.19 中箭头 1 为旋翼旋转方向,在反作用力矩的作用下机身有沿箭头 2 方向旋转的趋势。而尾桨的作用就是产生一个沿箭头 3 方向的力,不让机身旋转。

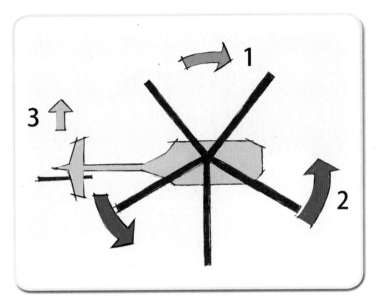

图 2.19　直升机受力图

3．克服阻力，持续向前

直升机上的阻力可以分为以下三类。

（1）翼型阻力，由桨叶与空气相对运动产生的摩擦作用产生。包括两部分：

形状阻力，源于结构表面气流分离引起的湍流，阻力大小与浸入流场中的结构形状、尺寸均有关系。随着结构形状更加趋于流线型，形状阻力逐渐降低。

表面摩擦，源于结构的表面粗糙度，粗糙的表面上附着一层薄薄的空气，产生一系列小的漩涡，形成阻力。

（2）诱导阻力，伴随着桨叶升力而产生。

一个翼形剖面在产生升力时，由于诱导入流的存在，改变了原来的气流方向，升力在水平方向就会出现分量，这一部分就是诱导阻力。

（3）废阻力，一旦直升机与空气产生相对运动，就会产生废阻力。

直升机上不提供升力的桨毂、驾驶舱、起落架等都会产生废阻力，而且废阻力与速度的平方成正比，所以在高速度时占很大的比重。因此直升机设计尽量采用流线型外形，并且对桨毂和起落架进行整流，从而降低废阻力（见图 2.20）。

直升机飞行过程中，需要克服以上三项阻力，低速时诱导阻力占主要部分，高速度时废阻力占主要部分。总阻力最小的飞行速度对应为直升机的经济速度，需要消耗的功率也最低。

图 2.20　直升机桨毂

2.4.2　操纵系统

直升机的操纵系统,如图 2.21 所示。

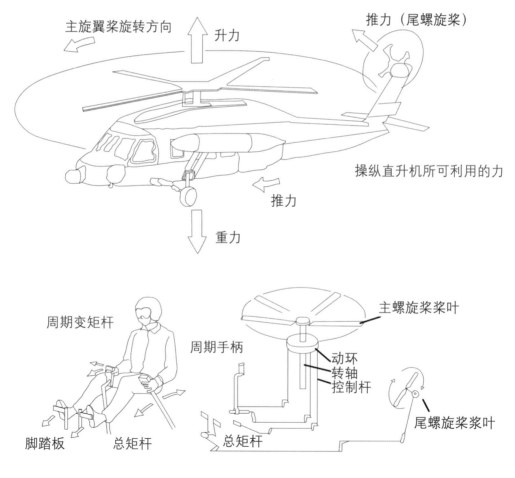

图 2.21　直升机的操纵系统

1．脚踏板

在直升机驾驶杆的下方通常设有两块脚踏板,驾驶员可以通过它们对尾螺旋桨的输出功率和桨叶的倾角进行调节,这两项调整能够对机头的水平方向产生影响。

2．周期变矩杆

它位于驾驶杆中前方,控制对象为主螺旋桨下方自动倾斜器的不动环。不动环可对主螺旋桨的旋转倾角进行调整,决定机身的飞行方向。

3．总矩杆

它位于驾驶杆的左侧,控制对象为主螺旋桨下方自动倾斜器的动环。动环通过对主螺旋桨的桨叶倾角进行调节来调整动力的大小。另外,贝尔公司生产的系列直升机在总矩杆上还集成有主发动机功率控制器,该控制器可根据主螺旋桨桨叶的旋转倾角自动对主发动机的输出功率进行调整。

2.4.3　飞行操作

1．升降

很多人认为,直升机在垂直方向上的升降是通过改变主螺旋桨的转速来实现的。当然,改变主螺旋桨的转速也不失为实现机体升降的方法之一,但直升机设计师们很早便发现,提升主螺旋桨输出功率会导致机身整体负荷加大。所以,目前流行的方法是在保持主螺旋桨转速一定的情况下依靠改变主螺旋桨桨叶的倾角来调整机身升力的大小。驾驶员可通过总矩杆完成这项操作。当把总矩杆向上操纵时,主螺旋桨的桨叶倾角增大,直升机上升;反之,直升机下降。需要保持当前高度时,一般将总矩杆置于中间位置。

2．平移

直升机最大飞行优势之一是在不改变机头方向的情况下,随时向各个方向平移。这种移动是通过改变主螺旋桨的旋转倾角实现的。当驾驶员向各个方向振动周期变矩杆时,主螺旋桨的主轴也会发生相应的倾斜。此时,主螺旋桨产生的推力分解为垂直和水平两个方向的分力,垂直方向的分力依旧用于保持飞行高度,水平方向上的分力可使机身在该方向上产生平移。

3. 旋转

旋转功能是通过直升机的尾桨来完成的。对于只装有一具主螺旋桨的直升机来说,如果把机身和主螺旋桨看作一对施力和受力物体的话,主螺旋桨旋转所产生的反作用力必然会使机身向相反的方向转动。要保持机身的稳定,就必须增加一个额外的力矩来抵消这种旋转,这也是设计师在直升机尾部安装尾桨的原因。当直升机处于直线飞行时,尾桨的推力力矩与主桨的反作用力矩刚好构成一对平衡力矩,从而只需改变尾桨的输出功率机身就可以在水平面上进行旋转。大多数直升机都是通过驾驶杆前方的一对脚踏板来调整机头方向。

2.4.4 飞行特性

直升机的突出特点是可以做低空(离地面数米)、低速(从悬停开始)和机头方向不变的机动飞行,特别是可在小面积场地垂直起降。由于这些特点使其具有广阔的用途及发展前景。在军用方面已广泛应用于对地攻击、机降登陆、武器运送、后勤支援、战场救护、侦察巡逻、指挥控制、通信联络、反潜扫雷、电子对抗等。在民用方面应用于短途运输、医疗救护、救灾救生、紧急营救、设备吊装、地质勘探、护林灭火、空中摄影等。

当前直升机相对固定翼飞机而言,振动和噪声较高、维护检修工作量较大、使用成本较高,速度较低,航程较短。直升机今后的发展方向就是在这些方面加以改进。

2.5 DIY 多旋翼无人机

绝大部分人认为遥控飞机仅仅是用来飞行玩耍而已,这种看法太过片面,我们把遥控飞机全套配件进行安装,了解飞机模型结构及飞行原理,将简单的玩具与科学相结合,感受科技的魅力、激发学习的兴趣,从而提高动手和动脑能力,增强想象力和创造力。在飞行中获得快乐的同时,也提升了分析问题、解决问题的能力。

近年来,随着小型四轴飞行器在军民、商业领域越来越广泛的运用,研究人员也从各个方面对其进行深入研究,而这些研究所共有的特点就是开发拥有更多自主权限的无人飞行控制系统。无人飞行控制系统的核心与难点是可靠的自主飞行控制器的设计与实现。小型四轴飞行器提出了一种基于精确模型的自主飞行控制系统从设计到实现的开发思想:从四轴飞行器的结构及飞行的原理入手,利用想象力与推理建模方法推导出飞行器模型的组装,再将经典控制律代入仿真模型中,并在真实环境中对所安装飞行器进行飞行验证,逐步适应空间感和深入练习飞行。主要开展了以下几点研究工作:首先对四轴飞行器运动学模型和动力学模型进行详尽推导并制定飞行器安装策略;再通过组装过程详细了解飞行器工作原理,根据四轴飞行器进行自主飞行操作实践。

2.5.1　准备工作

表 2.1 是制作多旋翼无人机的材料清单,在制作前请一一核对,避免材料遗漏。图 2.22 所示为制作多旋翼无人机的材料包。

2.5.2　制作流程

(1) 装开关部件。用 1.5×5 PA 螺丝(4 颗)分别将开关插头固定在机壳上(见图 2.23)。

(2) 安装电池舱(见图 2.24)。

(3) 安装主板和 LED 灯。如图 2.25 所示,将 1.5×5 介 3 螺丝 2～4颗固定在主板上,然后将 4 个 LED 灯对应插入。

(4) 安装电机。注意前后方向,左上角和右下角装红蓝线电机,右上角和左下角装黑白线电机,端子对插连接电机与主板,电机线要卡在卡槽内(见图 2.26)。

表 2.1　DIY 材料明细表

序号	料号	品名	规格	用量	位置
1	PT00001	上壳		1	
2	PT00002	下壳		1	
3	PT00003	接收板		1	
4	PT00004	电机座组件	红蓝线电机	2	
5	PT00005	电机座组件	黑白线电机	2	
6	PT00006	红灯线		2	
7	PT00007	绿灯线		2	
8	PT00008	遥控器		1	
9	PT00009	尾灯罩		1	
10	PT000010	浆叶 A		2	
11	PT000011	浆叶 B		2	
12	PT000012	防护罩		4	
13	PT000013	脚架		4	
14	PT000014	电池	3.7Y750MA	1	
15	PT000015	充电线	JST 插头	1	
16	PT000016	螺丝刀	1.5 十字		
17	PT000017	螺丝	1.5×5 介 3	4	锁开关和摄像头插头
18	PT000018	螺丝	1.5×5 介 5	2	锁主板
19	PT000019	螺丝	1.7×5PB	24	锁机壳和浆叶,护罩
20	PT000020	螺丝	1.7×10PB	4	锁脚架
21	PT000021	摄像头	200 万普通航拍	1	根据购买的配置配发
22	PT000022	摄像头	30 万实时航拍	1	根据购买的配置配发
23	PT000023	摄像头	200 万实时航拍		根据购买的配置配发
24	PT000024	说明书			
25	PT000025	App 下载说明书		1	
26	PT000026	手机支架		1	
27	PT000027	4G 卡		1	200 万普通航拍用

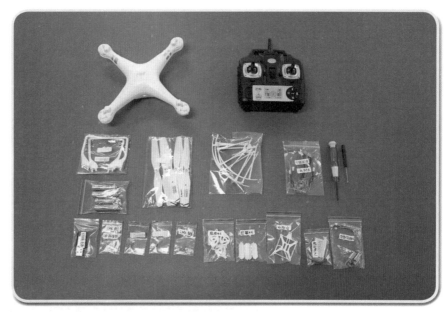

图 2.22　材料包（蓝切线航空研发）

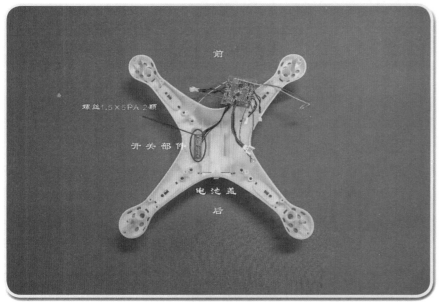

图 2.23　安装开关

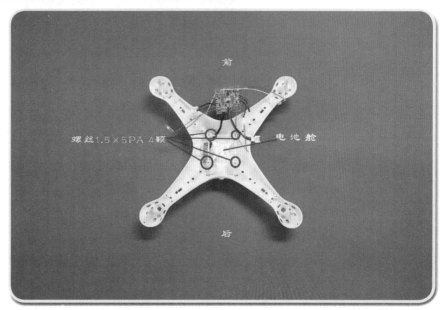

图 2.24　安装电池舱

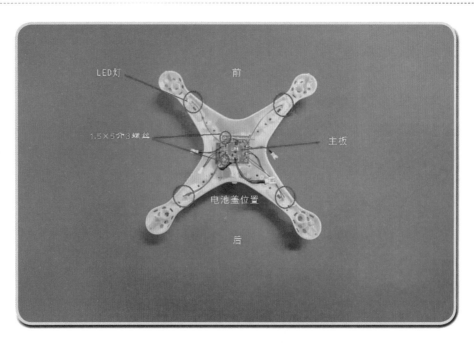

图 2.25　安装主板及 LED 灯

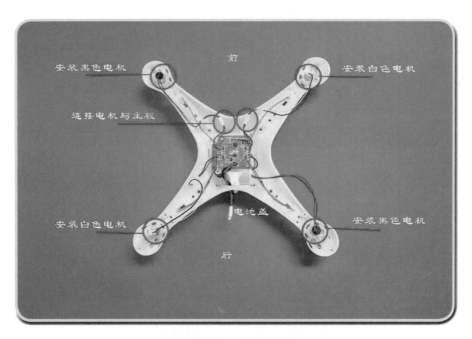

图 2.26　安装电机

（5）安装机顶盖。注意壳子上下方向,有银色标识的机臂在前(见图2.27)。

（6）安装底座螺丝及电池（见图2.28）。

（7）安装桨叶及防护罩。4 片桨叶有两个方向 A 和 B,请按照图2.29所示的规范安装。

（8）安装脚架、灯罩及底座。安装脚架用 4 颗 1.4×7 螺丝,底座用 1.4×6 螺丝（见图2.30）。

图 2.27　安装机顶盖

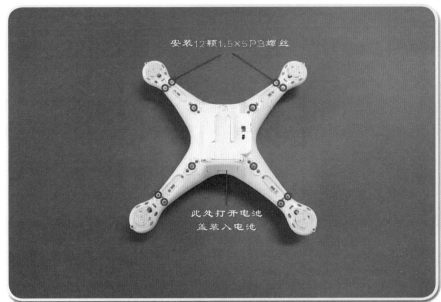

图 2.28　底座固定

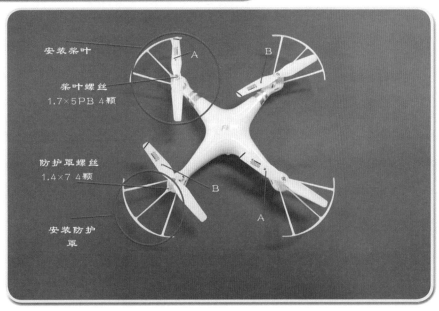

图 2.29　安装桨叶及附件

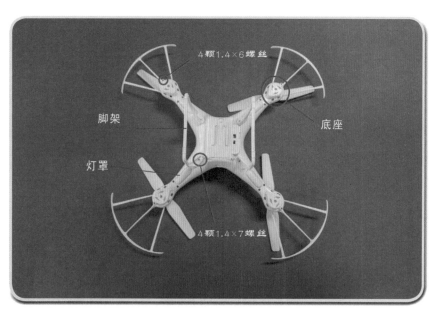

图 2.30　外壳螺丝固定

（9）完成整机装配，效果图如图 2.31 所示。

图 2.31　整机效果图

（10）测试校正。将机头（银色标识机臂）朝向远前方，打开开关，红灯、绿灯闪亮，遥控器打开后发出"滴滴"的声音，提示对频。此时左推摇杆到顶再收回至初始位，LED 灯快速闪烁后停止闪动，此时对频成功。接下来就可以操纵控制杆进行试飞了。

频率归零：如果起飞后飞行器存在偏飞、不平衡、桨叶不转、转速异常等情况，需要重新将遥控器的两个摇杆拨成外八字形，直到对频成功。

2.5.3 调试试飞

（1）在正式练习飞行前先请教有经验的飞手协助进行调试，包括调试前后左右移方向、左右转方向是否正确、方向微调等。

（2）解锁后，起飞和降落时油门推杆要果断，不能拖泥带水。要做到一推即离地，一收即落地。特别是降落时，飞行器降到距离地面 5~10 厘米时，就要马上把油门收到最低。如果收油门过慢，容易造成飞行器降落不稳甚至造成侧翻。（若发生侧翻就要立即锁定，以把对电动机和桨叶的伤害降到最低。）

（3）要在自己的视野范围内飞行。人的视野只有 200~300 米，在没有装配图传时，一旦飞行器超出视野范围就很难把航模飞回来。所以建议要在自己的视野范围内飞行。

本 章 小 结

本章我们介绍了直升机的结构外形，各部分的作用，以及直升机的动力装置，直升机飞行的奥秘。最后动手练习了多旋翼无人机模型的组装调试，相信大家对旋翼机和直升机有了全新的认识。

思 考 题

（1）旋翼机升力的产生和固定翼飞机有哪些不同？

（2）旋翼机是怎样控制飞机方向的？

（3）直升机有哪些分类方式？你还能设计出新的分类规则吗？

（4）和固定翼飞机相比，旋翼机在用途上有哪些优势？

（5）请思考如何让你制作的旋翼无人机实现航拍功能。

第3章

飞行模拟训练器

3.1　概　述

飞行模拟训练器广义上是指各种飞行器的模拟训练器,包括飞机、导弹、卫星和宇宙飞船等设备的模拟。狭义来说,指的是这些模拟训练器中,功能更加复杂齐全的那一类。

飞行模拟训练器主要分两大类:一是训练用飞行模拟训练器,主要用来训练飞行员或爱好者,使其掌握飞行驾驶技术及其他飞行技能;二是实验用飞行模拟训练器,主要用于新型飞机的研制与飞机的改型升级。

通过飞行模拟训练器可以进行飞行模拟体验、航空知识普及、飞行仪表操作训练、故障及特情处置演练等。在飞行员培训中,运用飞行模拟训练器进行训练能显著降低训练成本并最大限度地控制训练风险。

3.2　分　类

训练类飞行模拟训练器一般有两种分类标准:一是按照飞行模拟训练器的复杂程度分为全任务飞行模拟训练器(FFS)、飞行模拟训练器(FTD)以及计算机飞行模拟训练设备(CBT)三种;二是按照模拟器的用途,分为专用飞行模拟训练器和综合飞行模拟训练器两种。

在以上模拟器中,全任务飞行模拟训练器最为复杂,飞行模拟训练器其次,计算机飞行模拟训练设备用个人计算机就能实现。

3.2.1　全任务飞行模拟训练器

全任务飞行模拟训练器(full flight simulator, FFS)是结构复杂、功能齐全的大型模拟装置,由模拟座舱、视景系统、运动系统等组成,可覆盖包括起飞、着陆在内的90%以上飞行训练科目,是目前最为先进、完整的地面训练设备(见图3.1)。

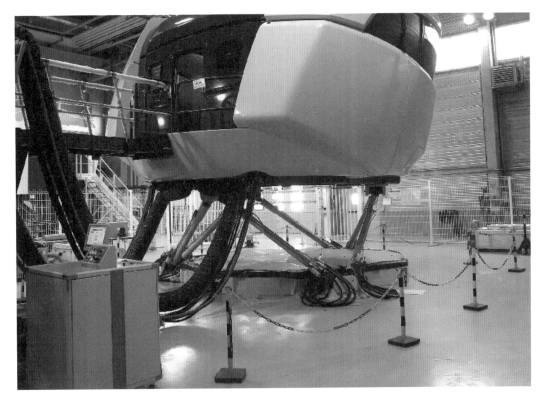

图 3.1　全任务飞行模拟训练器（BRYNNER）

3.2.2　飞行模拟训练器

飞行模拟训练器（flight training device，FTD）是一种结构比较简单、功能较少的小型飞行模拟装置，有时也将其称为航空模拟器，只不过它是一种较低档次的模拟器，可用来进行某些系统的专门训练和一般的飞行训练（见图 3.2）。

图 3.2　FTD（宿州中原航空中等学校）

广义上，飞行模拟训练器通常没有运动系统和视景系统。较低级的飞行模拟训练器只模拟了飞机上的部分系统，高级的飞行模拟训练器则几乎对飞机的所有系统都进行了模拟。

3.2.3 计算机飞行模拟训练设备

计算机飞行模拟训练设备（computer based training，CBT）是一种利用个人计算机进行飞行理论学习的设备。它实质上是一种具有图形图像、文本显示和语音的多媒体计算机教学系统。用它来进行飞行理论的教学，既方便又形象。这类模拟器一般更适合家庭及教室使用，有对应的模拟操作硬件及软件（见图3.3）。

图 3.3　计算机模拟飞行训练设备

3.3　资 质 等 级

针对固定翼飞机和旋翼飞行模拟训练器，美国联邦航空局（federal aviation administration，FAA）制定了不同的资质等级。在此重点介绍全任务飞行模拟训练器（FFS）的资质标准。

此类模拟器共有 A、B、C、D 四个资质等级，从 A 级到 D 级模拟器，其装置和功能依次变得复杂，其中 D 级是目前最高等级的飞行模拟训练器。

A 级：需要至少有三个自由度的运动平台，该级别只适用于固定翼飞机。

B 级：需要三轴运动平台和更高可信度的气动模型，该级别是最低级别的直升机模拟器。

C 级：需要六自由度运动平台，更低的延时。视景系统至少为每个飞行员提供 75° 以上的外部水平视野。

D 级：目前最高等级的飞行模拟训练器。在 C 级的基础上，视景系统至少为每个飞行员提供 150° 以上的外部水平视野。需要模拟驾驶舱中的真实声音，以及一些特殊的运动和视觉效果（见图 3.4）。

注：六自由度指三个轴线的线性运动与旋转，就如同一个真实的自由物体在空间的运动状况。三种旋转分别是俯仰（机头朝上或下）、滚转（某一面机翼朝上或下）与偏转（机头朝左或右）；三种线性运动分别是起伏（上下移动）、横移（左右移动）以及纵移（向前加速或减速）。

图 3.4　D 级模拟器（BRYNNER）

3.4 功能结构

　　飞行模拟训练器通常由模拟座舱、运动系统、视景系统、计算机系统及教员控制台五大部分组成（见图 3.5）。

图 3.5　可运动的飞行模拟训练器（D 级动模）（BRYNNER）

3.4.1　模拟器的"躯干"：模拟座舱

　　飞行模拟训练器的模拟座舱内部的各种操纵装置、仪表、信号显示设备等与实际飞机一样，工作、指示情况也与实际飞机相同。因此飞行员在模拟座舱内，就像在真飞机的座舱之中。飞行员操纵驾驶杆、油门、开关等设备时，不但各种仪表、信号灯能相应工作，还能听到相应设备发出的声响，以及外界环境的声音。同时，飞行员的手和脚上还能产生因操纵飞机而产生的力感（见图 3.6）。

图 3.6　模拟器座舱（BRYNNER）

3.4.2　模拟器的"腿脚"：运动系统

运动系统用来模拟飞机的姿态及速度的变化,使飞行员的身体感觉到飞机的运动。高级模拟器的运动系统具有六个自由度,即在三维坐标中绕三个轴的转动及沿三个轴的线位移。主要有六个液压伺服作动筒及支撑的平台,模拟座舱就安装在平台之上。六个作动筒的协同运动,可驱动平台并使座舱模拟出飞机的运动变化情况（见图 3.7）。

图 3.7　带有作动筒的模拟器（BRYNNER）

3.4.3 模拟器的"眼睛"：视景系统

视景系统用来模拟飞行员所看到的座舱外部的景象，从而使飞行员判断出飞机的姿态、位置、高度、速度以及天气等情况。先进的视景系统是用计算机来产生座舱外部的景象，然后通过投影、显示装置显示出来（见图3.8）。

3.4.4 模拟器的"大脑"：计算系统

计算系统是飞行模拟训练器的神经中枢。飞行模拟训练器就是一个实时性要求很高、交流信息量很大、精度要求较高的实时仿真控制系统。计算机系统承担着整个模拟器各个系统的数学模型的解算与控制任务。现代的飞行模拟训练器，通常都是由若干台计算机联合组成一个网络，各计算机既分别处理不同的信息，相互之间又不断地进行信息交流，从而使整个模拟器协调一致地运行（见图3.9）。

图 3.8 机窗内视景系统呈现的景象　　图 3.9　飞行模拟软件（BRYNNER）
（BRYNNER）

3.4.5 模拟器的"管家"：中控系统

中控系统是飞行模拟训练器的监控中心，主要用来监视和控制飞行训练情况。不但能及时显示飞机飞行的高度、速度、航向、姿态等参数，还能设置各种飞行条件，比如风速、风向、气温、气压、起始位置等。另外，还能设置各种故障，以训练飞行员的判断与处理故障的能力。先进的教员控制台，还具有维护检测、考核、鉴定等功能（见图3.10）。

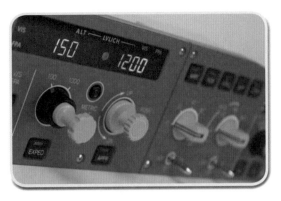

图 3.10 中控系统（BRYNNER）

3.5 直升机模拟训练器

直升机模拟训练器通过等比尺寸仿真直升机仪表面板和操纵硬件，模拟逼真的直升机驾驶舱环境，为用户提供从起飞到降落各个过程的操纵及仪表面板状态。同时可以在教员控制台设置飞行环境、直升机系统或仪表故障、选择机场和跑道、冻结等功能。

设备提供水平200°三通道柱幕无缝投影和多机场选择视景系统（见图 3.11）。直升机模拟训练器能完成飞行前准备、发动机起动、悬停、爬升、巡航、下降、进近、着陆、发动机关车等各阶段的训练操作。直升机模拟训练器是学员进行直升机系统原理、仪表、导航等理论学习、直升机驾驶舱实习、程序训练的有效平台，可满足飞行员培训和日常训练、飞行教学和娱乐等多种需求。

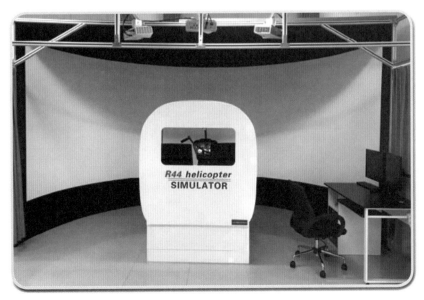

图 3.11 直升机三通道模拟训练器（BRYNNER）

直升机模拟训练器采用飞行软件负责模拟训练器系统的统一调度管理，协调飞行仿真数据、座舱仪表显示、视景显示等各组成部分实时交互工作。

直升机模拟训练器一般由仿真驾驶舱、直升机仿真系统、视景系统、仪表面板、声音系统和教员控制台六部分组成（见图3.12）。

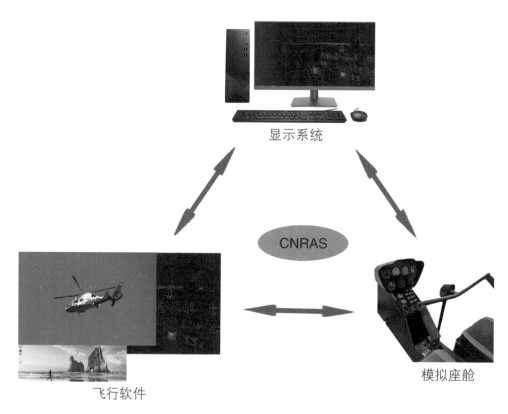

显示系统

CNRAS

飞行软件

模拟座舱

图 3.12　直升机模拟训练器系统方案

3.5.1　仿真座舱

直升机模拟训练器的驾驶舱1:1真实仿真模拟座舱，大多采用全金属烤漆工艺。控制面板包括发动机控制、通信导航控制、跳开关①等。

功能和布局按照真实直升机仪表面板进行仿真，仪表响应与真实直升机相同（见图3.13）。

直升机模拟训练器能完成相应的训练和程序，安装的设备具有正确的空间布局、封闭的直升机驾驶舱环境、相同的颜色和空间布局。设备的工作与直升机上的相应设备工作相同。

---

① 跳开关（circuit breaker），飞机面板中一部分。电路跳开关是一种小型按钮式的自动保险电门。

图 3.13　训练器驾驶舱面板（江苏全意航空科技有限公司）

直升机模拟训练器提供灯光照明,用于仪表面板和舱内照明,便于实施操作。

直升机模拟训练器布局按双座双驾驶员设置,提供 T 形驾驶杆、双总矩杆和双脚蹬,能满足两名学员同时教学训练。

3.5.2　仿真系统

直升机仿真系统对直升机的各系统进行建模,模型中的逻辑和数据以真机数据、技术手册等资料为依据,确保仿真的正确性。

仿真主系统具有足够的计算能力、精度、分辨率和动态响应特性。仪表能正确实时响应高度、速度和滚转角度的变化。

直升机仿真分系统模拟的飞行性能、动力学特性、操纵特性和飞行品质应与被模拟的真机机型相同。飞行动力系统参数包括最高速度、巡航速度、失速速度、最大爬升度等。风和乱流的出现和强度对控制和操纵质量的影响与被模拟真机机型一致。可实现地面和空中飞行中的人工操纵和仪表飞行所能提供的所有功能。

3.5.3　视景系统

三通道水平 200° 垂直 40° 视景系统提供多机场选择（包含天津、济南等至少10个国内外机场），能响应控制台时间和环境状态设置。机场跑道和灯光，能满足白天、夜间、黄昏和黎明情况下识别机场的要求。机场、跑道、天地线等起飞、着陆时周围的景象完整可见，包括树木、海洋、山峰等自然景象；公路、铁路、城镇等人文景象；云、雾、雨、雪等气象景象；地面、海上和空中直升机交通活动景象；白天阳光照射效果和夜间地面灯光。视景系统用来模拟飞行员所看到座舱外部的景象，从而帮助飞行员判断直升机的姿态、位置、高度、速度以及天气等情况。采用实时仿真技术对三维场景和飞行仿真数据包进行动态仿真，具有精细化的三维模型呈现（见图3.14和图3.15）。

图 3.14 下雨状态飞行模拟场景

图 3.15 黎明飞行模拟场景

3.5.4　仪表面板

直升机模拟训练器上安装的仪表设备能模拟直升机上相应设备的运行。

仪表面板按照真实直升机相应设备比例和功能进行仿真。仪表功能、性能、正常及故障状态、工作模式转换逻辑、操作响应等与被模拟直升机机载设备一致,外形仿真度高、功能齐全、稳定性强、显示效果佳、系统功耗低、方便安装和维护等。

3.5.5　声音系统

直升机模拟训练器中包含发动机声音、旋翼声音、风和告警音、音量调节功能等,满足直升机各种不同状态和阶段声音的正确响应。语音清晰,有良好的声音还原性,无干扰、无延迟、杂音小。

3.5.6　中控系统

提供教员控制台便于教学培训,教员控制模块应具有训练设置、态势显示。包括三维位置设置(机场、跑道、停机位、空中、冻结、解冻等);油量／重量设置(乘客重量、飞行器油量等);环境设置(天气状态、云状态、雨雪状态、能见度等);故障设置(发动机、航电、空速表、静压等)。

教师可以通过教员控制台进行直升机状态设置、机场和跑道设置、天气环境控制、直升机系统故障设置、冻结和重新定位、视景设置等。

3.5.7　飞行案例

学习完飞行模拟训练器基础知识后,现在开始在飞行模拟训练器上实践一下我们的理论吧。

现在我们一起来学习 C-172(塞斯纳 172)仪表自动本场五边飞行教程(见图 3.16)。

图 3.16　塞斯纳仪表面板(王达)

在开始飞行之前,先来了解一下什么是仪表飞行、什么是自动飞行、什么是ILS。

仪表飞行规范(IFR)和目视飞行规范(VFR)相对应,所谓仪表飞行,就是利用地面的无线电设备和机载的电子设备,对飞机进行导航的飞行。

ILS,即"仪表着陆系统",具体的定义可以去查阅有关资料。它的作用就是在跑道的延长线上建立一条虚拟的通道,并且通过仪表指引自动驾驶仪,通过这条通道使飞机安全着陆。

下面我们开始飞行操作,这次的飞行是仪表自动本场五边飞行。通过仪表飞行规则进行本场五边飞行比较简单,涉及的频率是降落跑道的ILS频率,这个频率一般在100 ～ 120MHz。

通过查询当前跑道ILS频率为110.10MHz,在图3.17中红色区域输入。红色标记区域中的频率就是NAV1频率,NAV1的意思是第一组导航频率。一般情况下不用设置NAV2,只需要输入NAV1就可以。这里有两个频率,左边的一个111.10MHz是当前频率,我们输入的110.10MHz需要先输入到右侧,用下面的拨轮或者直接单击数字来把频率调到110.10MHz,然后单击两个频率中间的黄色按钮,把110.10MHz切换成当前频率。

图3.17　NAV1频率画面

频率设置完成后再通过航向仪(见图3.18)选择当前的跑道的航向。比如,当前跑道的航向是243(这个角度和ILS的查询方法一样,一般写在

ILS 频率旁边），用航向仪右下方的红色小按钮调整航向仪刻度上的红色小按钮，调整到 243°。然后在中控台用鼠标把数字调整成这次需要的巡航高度 1500 英尺，输入指定飞行高度。检查一下，放下襟翼 10° 即可起飞。

图 3.18　航向仪画面

　　飞机稳定上升后，可以打开自动驾驶仪（见图 3.19）。红色标记区域就是自动驾驶仪操作面板。打开的方法是：先点亮最左边的自动驾驶仪总开关（AP），然后点亮航向保持（HDG）和高度保持（ALT），垂直速度（VS）已经自动计算出来，是 700 英尺 / 分（约 210 米 / 分）。这个时候收好襟翼，把油门保持在合适的位置，自动驾驶仪开始发挥作用，飞机平稳地按照指定的 243° 航向以恒定的上升率爬升，当上升到指定的高度 1500 英尺时，飞机还会自动改平（见图 3.20）。

图 3.19　自动驾驶仪画面（王达）

图 3.20 飞机起飞画面（王达）

当飞机完成一边飞行后就可以转向第二边,这个操作不用操纵摇杆,转向第二边时航向增加 90°,即 243° +90° =333°,只需调整航向仪示数到 333°,飞机会自动转向（见图 3.21）。

图 3.21 飞行中仪表状态画面（王达）

第二边飞行距离可以用左侧的天文钟计时设置,设置 2 分钟。用同样的办法转向第三边,即 63°（333° + 90° − 360° = 63°）。

此时通过 GPS 指示可知,飞机已经飞跃了准备着陆的跑道,这时候可以转向第四边。转向第四边时要预留出调整航向的时间余量,不能等到转弯结束时再转向，否则自动驾驶仪会来不及调整高度和航向。所以进行仪表五边飞行时，第三边要长一点（见图 3.22 和图 3.23）。

图 3.22　GPS 仪表画面 1（王达）

图 3.23　GPS 仪表画面 2（王达）

调整飞机航向进入四边飞行。

此时点亮自动驾驶仪的进近按钮（APP），看到飞机没有什么变化，HDG 和 ALT 灯依然点亮。这是因为还没对准跑道，降低高度。此后自动驾驶仪会自动断开HDG或ALT,按照ILS的指引转向、下降高度(见图3.24和图3.25)。

图3.24　自动驾驶仪仪表画面(王达)

图3.25　GPS仪表画面3(王达)

进入第四边后,应该把航向调整成和跑道航向呈45°以下的角度(见图3.26)。

参考图3.27,HDG按钮自动熄灭,ILS开始接管航向的控制。此时可以适当降低速度,放下10°襟翼。

红圈中的仪表有两根指针,两指针的交点就是标准下滑道和飞机的相对位置。如图3.28所示,飞机位于最佳下滑道的左下方一点。

图 3.26 空速表状态画面（王达）

图 3.27 软件画面（王达）

图 3.28 状态指示器画面（王达）

随着飞机自动调整航向，只需要控制好速度和襟翼，等待飞机飞入下滑道。图 3.29 显示飞机已接近最佳下滑道。

图 3.29　下降仪表状态画面（王达）

当飞机继续下降高度时，ALT 按钮自动断开，ILS 开始接管飞机的姿态和高度。此时应集中注意力，随时监控 ILS 的指引是否正确、当前是否对准跑道、速度和高度是否合理（见图 3.30）。

图 3.30　下降飞机状态画面 1（王达）

正常的 ILS 会把飞机一直引导在目视指引灯"两红两白"[①]的状态,现在已经离跑道比较近了,继续减速至约 50 节,并全放襟翼。

现在离地面已经很低了,当飞机的高度为离地面 200 英尺(约 70 米)时,达到决断高,在这个高度必须做出判断,是继续降落还是复飞。

低于这个高度时,请握住摇杆,操作面板关闭自动驾驶仪总开关(AP),缓收油、轻带杆,保持上仰约 3°～5° 的姿态直到接地(见图 3.31)。

图 3.31　下降飞机状态画面 2(王达)

注意:

(1) 截获 ILS 必须在跑道入口前 8 海里以外,相对地面 3000 英尺(914 米)以下。

(2) 完成简单的仪表自动飞行后,大家可以尝试其他更有挑战性的飞行训练科目。

本 章 小 结

本章首先介绍了飞行模拟训练器分类、组成等,然后对直升机模拟训练器各部分进行了介绍。相信大家通过学习,对模拟飞行有了浓厚的兴趣,已经开始迫不及待地要飞上蓝天了。

---

① 跑道上,绿色灯光代表降落的起点,红色灯光代表跑道的终点;跑道两侧边灯为白色,以一定的间距排列在跑道两侧,表明跑道边缘。

思 考 题

（1）飞行模拟训练器分为哪几类？各自的特点是什么？

（2）不同等级的飞机模拟训练器可以提供哪些不同的模拟训练科目？

（3）模拟器的各个系统如果可以看作人体的各种器官，它们分别对应哪些器官？是怎样实现功能的？

（4）体验一下，驾驶直升机模拟训练器和固定翼模拟训练器在感觉上有什么不同？

（5）完成一次直升机模拟飞行，记录相关数据（如起飞地点、起飞时刻、飞行高度、飞行距离等）和固定翼飞行对比并思考，其优势有哪些？

第4章

电动飞机模型制作

在第 1 章和第 2 章我们分别学习了固定翼飞机和旋翼机的知识,并对每种类型的飞行器进行了制作试飞。本章我们综合利用固定翼和旋翼机的知识来完整地制作一架电动飞机模型。

4.1　处　理　图　纸

在计算机上用 AutoCAD（autodesk computer aided design）或 CATIA（computer aided three-dimensional interactive application）等专业制图软件设计图纸,并绘制出自己喜爱的涂装。设计好的图纸可以自行打印查看效果,然后对图纸做进一步的修改。修改好图纸后交广告店打印成 KT 写真膜,也可以通过渠道购买成品 KT 板[①]电动飞机模型耗材（见图 4.1）。

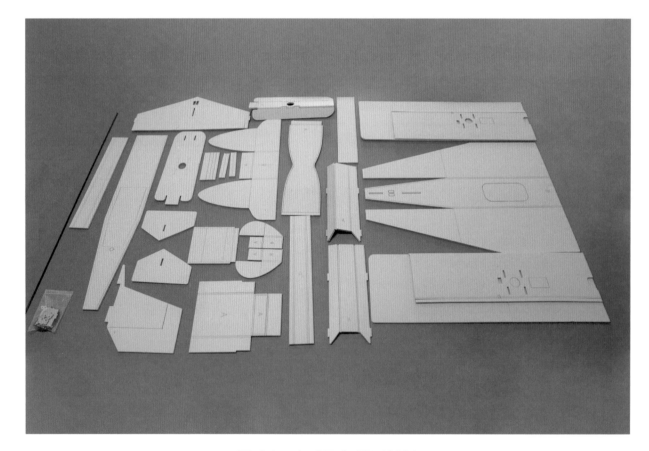

图 4.1　电动飞机模型耗材

---

① 一种由聚苯乙烯（polystyrene，PS）颗粒经过发泡生成板芯,经过表面覆膜压合而成的新型材料,板体挺括、轻盈、不易变质、易于加工,并可直接在板上丝网印刷（丝印版）、油漆（需要检测油漆适应性）、裱覆背胶画面及喷绘,广泛用于广告展示促销、飞机航模、建筑装饰、文化艺术及包装等方面。

4.2　制作机翼

（1）先在翼梁内侧切 45°斜面，然后用胶枪把三个翼梁组装起来（见图 4.2）。

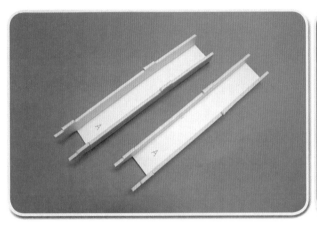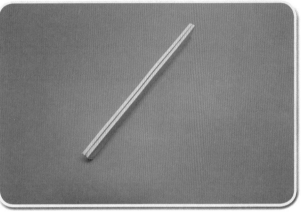

图 4.2　组装翼梁

（2）在机翼前缘里侧切 45°斜面，以便下一步机翼粘贴。用胶枪把两个机翼连接成一个整体，再用纤维胶带[①]固定中间缝隙，最后用胶枪把三个翼梁粘在机翼上以加强机翼强度。用胶枪在两个白色垫片上涂胶，粘到机翼后缘为下一步机翼组装做准备（见图 4.3～图 4.5）。

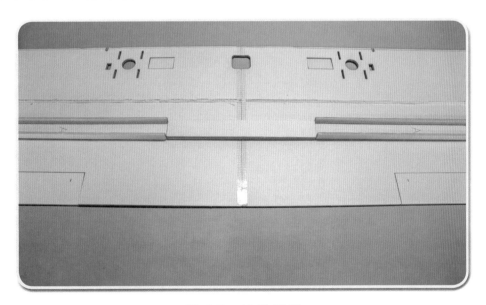

图 4.3　连接机翼

---

① 以 PET 为基材，内有增强的聚酯纤维线，涂覆特殊的压敏胶制作而成。

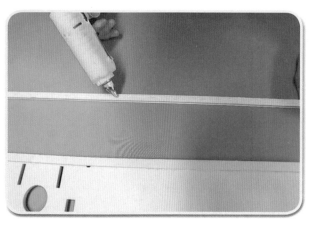

图 4.4　垫片涂胶

图 4.5　安装垫片

（3）慢慢把机翼对折,观察机翼能否很好贴合。确认贴合完好后把机翼复原,最后在两个翼梁和前缘上涂胶,用力按压机翼,使机翼粘住,观察翼梁是否紧紧粘在 KT 板上（见图 4.6 ～图 4.8）。

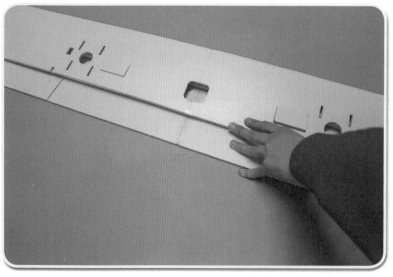

图 4.6　机翼对折

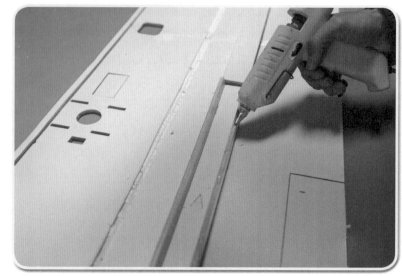

图 4.7　在翼梁上涂胶

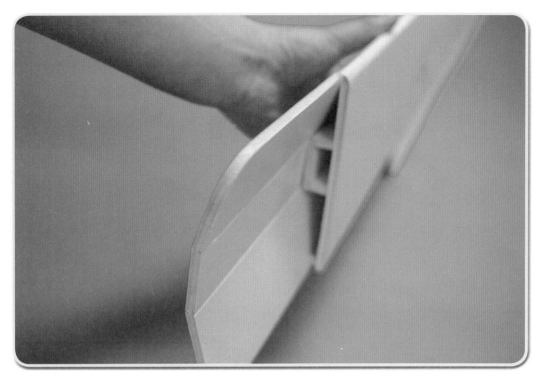

图 4.8　观察翼梁和泡沫板是否粘紧

（4）把舵机安装到机翼上，将舵机的连接线从机翼中间穿过，在机翼中间正方形孔洞中穿出，最后在机翼后缘上安装舵角，用铁丝把舵机和舵角连接起来（见图 4.9、图 4.10）。

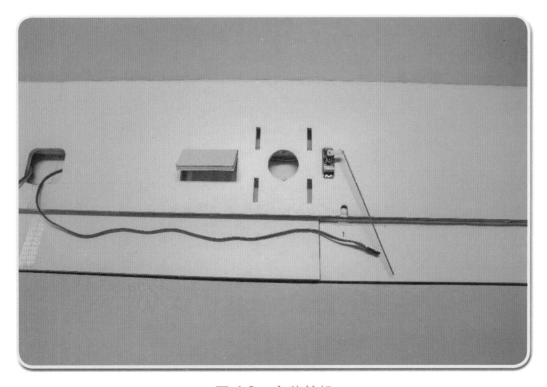

图 4.9　安装舵机

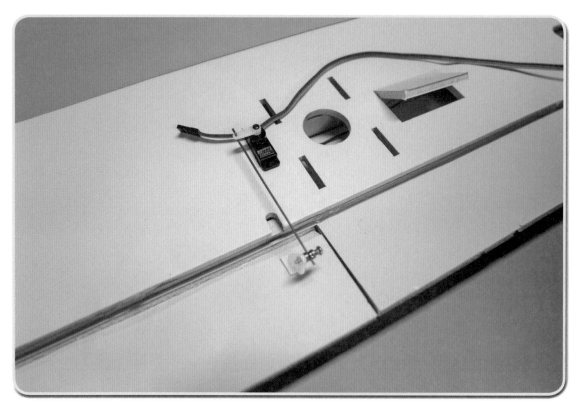

图 4.10　安装舵角

（5）把两个机舱组装好，安装好两个电调，然后把机舱安装到机翼上，最后盖上机舱盖（见图 4.11 ～ 图 4.14）。

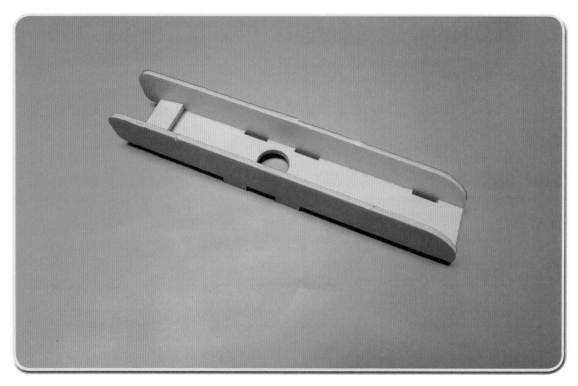

图 4.11　组装机舱

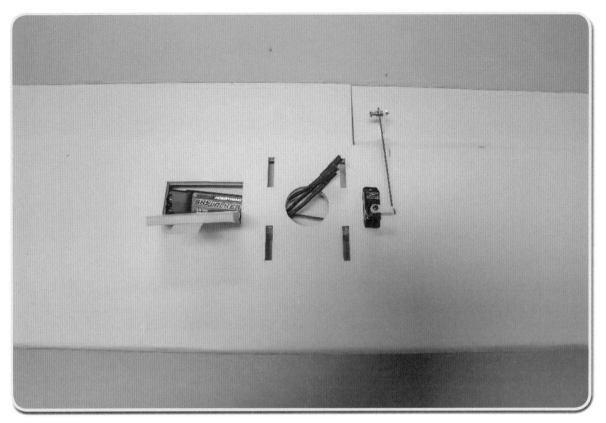

图 4.12　安装电调

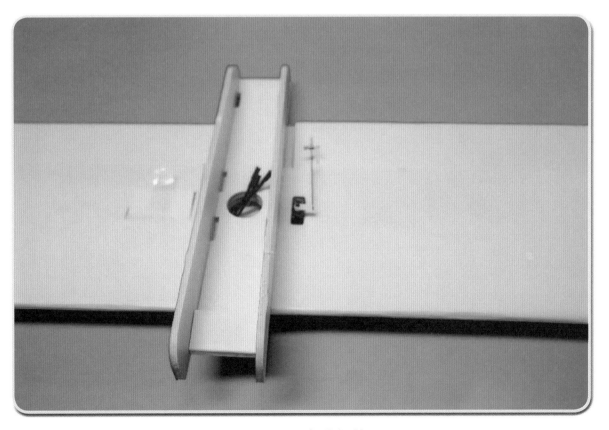

图 4.13　安装机舱

图 4.14　盖上机舱盖

4.3　制作机身

找出机身部分，用胶枪在机身折叠处涂胶，然后组装起来（见图 4.15 和图 4.16）。

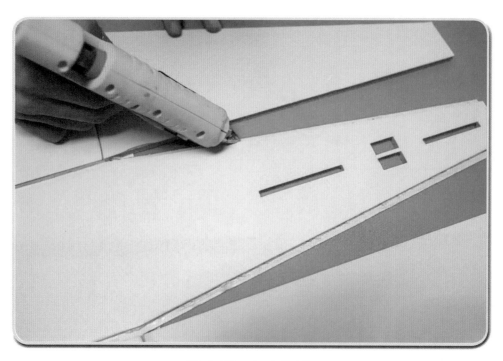

图 4.15　机身涂胶

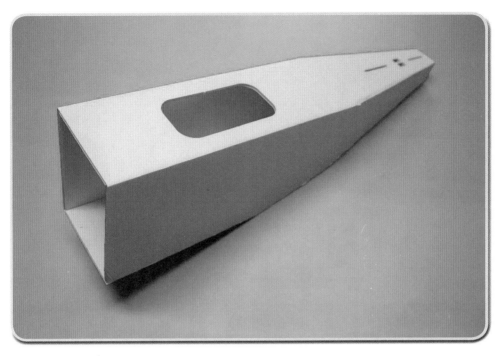

图 4.16　机身完成

4.4　制　作　机　头

完成机头四个部件切割和组装，依次把四个部件连接起来，组装成完整的机头（见图 4.17 ~ 图 4.21）。

图 4.17　机头部件涂胶

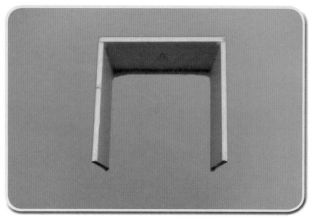

图 4.18 机头部件组装

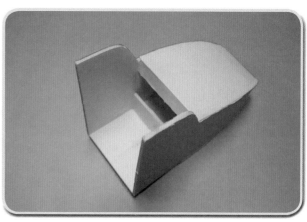

图 4.19 机头组装

图 4.20 机头连接件组装

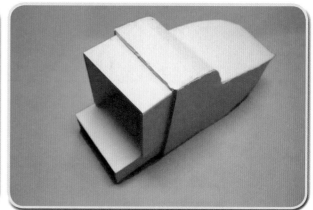

图 4.21 机头组装完成

4.5 制作尾翼

找出四个尾翼部件,把部件组装,最后用胶枪把各个部件的连接处进行固定(见图 4.22)。

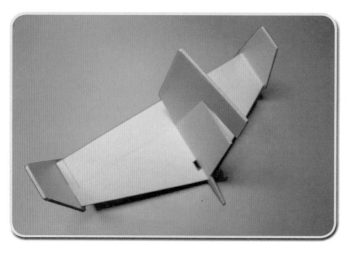

图 4.22 组装尾翼

4.6　飞机组装

在机头连接处涂上胶,把机身和机头连接起来;再将尾翼插入机身,并用胶枪涂胶固定;最后在机身合适部位插入碳杆,用橡皮筋把机身和机翼固定在一起(见图 4.23 ~ 图 4.26)。

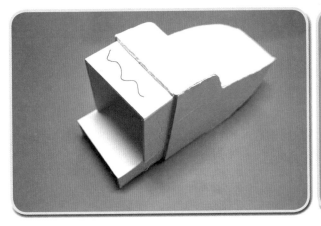

图 4.23　机头红线处涂胶

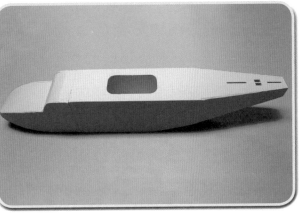

图 4.24　连接机头和机身

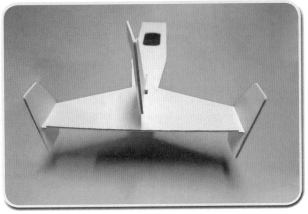

图 4.25　连接机身和尾翼

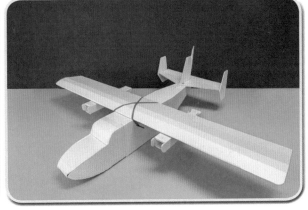

图 4.26　整机完成

该机翼展有 1.47m,飞机的动力可选择 2212 型号 1400kW 拉力的无刷直流电机[①],螺旋桨使用 8045 正反桨[②],电调使用 30A 无刷电调,舵机可使用普通 9g 舵机。

---

① 无刷直流电机由电动机主体和驱动器组成,是一种典型的机电一体化产品。由于无刷直流电动机是以自控式运行的,所以不会像变频调速下重载启动的同步电机那样在转子上另加启动绕组,也不会在负载突变时产生振荡和失步。

② 螺旋桨横着放,桨叶有字的一面向上,右边桨叶的迎风面在后面的是正桨,右边桨叶的迎风面在前面的是反桨。

4.7 调 试 试 飞

4.7.1 飞行前注意事项

（1）尽可能清理干净飞行场地，保证地面无杂物，尤其是塑料袋等；仔细检查跑道，保证地面无碎石或明显坑洼。

（2）观察周边环境是否满足飞行条件，遇到以下情况不建议飞行。

① 强风、大雨或视线较差的傍晚或夜晚。

② 空间较小的建筑物内。

③ 人群容易聚集的操场或公园、学校小区空地等。

④ 周边有电线杆或公路、铁路、机场旁。

⑤ 无线电信号干扰较强的地方。

（3）模型不能用于超出其规定使用范围的其他用途。

（4）准备好螺丝刀等工具，方便随时进行维修或调整。

（5）针对易损部件，准备好备用件，方便随时替换。备用件建议使用原厂正品。

（6）首次飞行前要仔细检查模型，以防出现事故。具体检查步骤如下。

① 检查螺丝和螺母是否出现松动或掉落。

② 检查桨叶是否有磨损。

③ 检查确定发射机、接收机信号接收正常，电池已充满电。

④ 检查遥控器是否正常工作。

⑤ 检查所有舵机动作方向是否正确，转动是否顺滑。

⑥ 上电自检，观察模型是否有不正常的强烈抖动。

4.7.2 滑跑起飞

1. 注意事项

滑跑起飞是固定翼模型最常见的起飞方式，通常可分为 3 个阶段：滑跑、离地和爬升。模型在地面加速滑跑时，处于加速运动状态。此时油门越大，推力或拉力越大,模型加速度越大,滑跑所需距离越短。滑跑阶段加油门时动作应柔和适当。

随着滑跑速度不断提高,方向舵的效果逐渐增强,此时可通过控制方向舵,使模型保持直线前行。当升力大于重力时,模型即可离开地面。刚离地时,机身拉力或推力大于阻力,模型做加速爬升运动,此时不宜使用较大的爬升角,否则会影响模型的爬升速度。如果爬升角过大,还容易造成模型飞机失速甚至拉翻。

当模型爬升至一定高度后,应适当减小油门,同时调整舵面,使其进行平稳的航线飞行。

2. 滑跑距离

影响模型起飞滑跑距离的因素有油门大小、离地迎角、襟翼状态、模型起飞重量、场地气温、跑道表面质量、跑道坡度等。具体含义如下。

(1) 油门大小。油门越大,螺旋桨拉力或推力越大,模型增速越快,起飞滑跑距离越短。

(2) 离地迎角。离地迎角越大,模型升力越大,起飞滑跑距离越短。但离地迎角不能过大,否则模型滑跑速度会因阻力过大而降低,导致滑跑距离变长。

(3) 襟翼状态。放下襟翼可增大升力系数,减小模型离地所需速度,进而能缩短起飞滑跑距离。

(4) 模型起飞重量。起飞重量越大的模型,滑跑时机轮与地面的摩擦力越大,导致其滑跑加速度减小,进而增大起飞滑跑距离。

(5) 场地气温。飞行环境的气温升高会引起空气密度减小,使模型的拉力或推力减小,导致滑跑加速度变小,起飞滑跑距离增长。

(6) 跑道摩擦系数。跑道表面如果光滑而坚实,则摩擦系数小、摩擦阻力小,模型增速快,起飞滑跑距离短;反之则会增大模型的滑跑距离。

(7) 滑跑坡度。跑道有坡度,会影响模型滑跑时的加速:下坡时加速度增大、滑跑距离减小;上坡时加速度减小、滑跑距离增长。

4.7.3 空中转弯

转弯是初学者练习飞行时必须掌握的基础动作。在空中平飞的模型要想改变飞行方向,通常可采用的方法有两种,一种是通过控制方向舵舵面偏转,使模型偏航;另一种是通过副翼及升降舵配合,改变模型的航向。两种转弯的方法区别较大,其中仅使用方向舵的转弯方式最简单,优点是模型基本不会掉高度,缺点是转弯半径很大。若是在有风的天气飞行,模型很可能越飞越远。

而使用副翼+升降舵的方式转弯时,模型的转弯半径小、转弯动作快。缺点是操纵比较复杂,模型在转弯时会掉高度,需通过加大油门及调整方向舵的方法保持高度。副翼+升降舵的转弯方式虽然复杂,但操纵更加灵活。建议初学者在打基础阶段尽量使用这种方法操纵模型转弯。熟练掌握这种方法,对日后练习侧飞及滚转系动作有很大帮助。

4.7.4 平稳降落

模型常见的起落架结构有两种,分别是前三点式起落架和后三点式起落架。采用这两种起落架结构的模型,在降落时的飞行特性略有区别。使用后三点式起落架的模型,在降落时稳定性较差,速度过大,很容易发生弹跳。接触地面后,如果模型减速过快还容易前翻。其降落操纵难度明显大于采用前三点式起落架的模型。下面以后三点式起落架为例,介绍降落的基础操纵方法。

1.常规降落

(1)准备降落时,应适当减小油门。

(2)当模型下降到一定高度后,控制舵面,使起落架的主轮及尾轮处于水平状态或主轮略高。同时,适当增大机翼迎角以增加阻力。随着模型速度进一步降低,升力逐渐趋近于重力。

(3)待高度进一步降低(距地面2~3米)时,保持升降舵不动,适当减小油门,使模型保持步骤(2)的迎角平稳下滑。注意,若此时模型迎角过大,导致阻力激增、速度骤降,可适当增大油门,以防其因失速而大角度俯冲。

（4）保持小油门不变，将注意力集中在升降舵的调节上。通过改变升降舵，尽量使起落架轮子水平或主轮略高。在比赛过程中应仔细观察模型的飞行姿态，若轻拉升降舵后模型迎角增大而飞行高度不变，则说明其降落速度正好。

（5）继续让模型保持匀速小角度下滑，直至起落架轮子离地约 10 厘米，再适当拉杆使模型的迎角增大，以进一步降低其飞行速度。待模型与地面接触后，再关闭油门，同时松开拉杆，以防模型出现跳跃。

2．俯冲惯性降落

俯冲惯性降落方式与常规降落方式相比，操纵方法大致相同，但模型的降落速度更快，所需的滑跑距离更短，操纵难度更大。具体操纵时需注意以下几点。

（1）在常规降落步骤（2）中，调整好模型降落角度后直接关闭油门。模型只依靠惯性速度降落。

（2）在常规降落步骤（3）中，模型下降至合适高度后，通过增大机身迎角的方法增大阻力，逐渐降低速度。注意，此时模型迎角不能过大，且不做油门补偿操作。

（3）在常规降落步骤（4）及（5）中，要使模型保持匀速下滑，并及时调整好飞行姿态，保证起落架主轮及尾轮水平，直至接地降落。

（4）操纵模型安全降落的关键，在于保持一定飞行速度的同时，控制好模型的油门大小及飞行姿态。从控制速度方面看，为保证模型落地能尽量轻柔，在降落过程中不能一味地考虑减速，必须具有最低安全速度。同时，速度也不能过大，尤其是采用后三点式布局的模型，降落时如果速度过大，很可能出现跳跃情况。此外，要保证模型降落得平稳，还要集中精力，确保起落架的主轮及尾轮在接触地面瞬间保持水平。

（5）上述两种降落方式中，常规降落适合在逆风或模型下降时惯性速度较小的情况下使用；俯冲惯性降落则适合在顺风、短距离降落的情况下使用。新手练习时，建议先练习常规降落，有一定基础后再尝试操纵模型俯冲惯性降落。

本 章 小 结

本章我们学习了电动飞机的制作方法,从图纸的绘制到 KT 板的处理,再到航模飞机的制作,体验了完整制作一架属于自己的电动航模的全过程。从航空理论知识到实际动手制作,这是一次质的飞跃,相信大家一定会在铸梦航空的道路上"展翅飞翔"。

思 考 题

(1)在航模机翼的制作过程中,怎样安装才能使得升力最大?

(2)在涂胶的过程中有哪些注意点?

(3)尾翼安装得不标准会给飞机带来哪些后果?

(4)试飞过程中的注意事项还有哪些?

(5)请做一份电动飞机的紧急预案。

参 考 文 献

[1] 杨华保. 飞机原理与构造 [M]. 西安：西北工业大学出版社，2002.

[2] 李汝辉，吴一黄. 活塞式航空动力装置 [M]. 北京：北京航空航天大学出版社，2008.

[3] 李业惠. 飞机发展历程 [M]. 北京：航空工业出版社，2007.

[4] 兰顿. 飞机燃油系统 [M]. 上海：上海交通大学出版社，2010.

[5] 刘连生. 飞机通信系统 [M]. 北京：兵器工业出版社，2005.

[6] 林坤. 航空仪表与显示系统 [M]. 北京：北京理工大学出版社，2015.

[7] 高志球，王宝瑞. 流体力学（上册）[M]. 北京：科学出版社，2017.

[8] 黄瑜琼. "飞机机翼升力的产生原因"实验改进 [J]. 物理教学，2019（1）.

[9] 李颂，郑稀誉，焦胜博. 飞机飞行力学课程思政建设实践——以起飞操纵原理为例 [J]. 黑龙江科学，2022.

[10] 马文来，术守喜. 航空概论 [M]. 北京：中国民航出版社，2018.

[11] 邢琳琳. 飞行原理 [M]. 北京：北京航空航天大学出版社，2016.

[12] 符长青. 无人机空气动力学与飞行原理 [M]. 西安：西北工业大学出版社，2018.

[13] 宋静波. 飞机构造基础 [M]. 北京：航空工业出版社，2004.

[14] 贾玉红，钱新荣，吴永康. 探索蓝天——航空技术基础 [M]. 北京：北京航空航天大学出版社，2014.

[15] 马文来，术守喜. 民航飞机电子电气系统与仪表 [M]. 北京：北京航空航天大学出版社，2015.

[16] 贾玉红，黄俊，吴永康. 航空航天概论 [M]. 4 版. 北京：北京航空航天大学出版社，2017.

[17] 黄鹏，熊卫. 从飞机升力原理到物理教学和科普建议 [J]. 物理教学探讨，2022.

[18] 韩伟，宗剑. 某型固定翼航模的设计，制作及其飞行研究 [J]. 科技风，2020（16）：1.

[19] 张雅铭，张苇. 直升机基本原理 [M]. 郑州：河南科学技术出版社，2012.

[20] 刘磊，朱军，四川宜宾部队分队. 直升机操纵和飞行安全 [C]// 中国航空学会，2007.

[21] 贺富永. 航空法的功能研究 [J]. 北京理工大学学报（社会科学版），2016，18（3）：105-112.

[22] 杨苏. 飞行模拟器组成及其控制技术应用 [J]. 科教导刊（上旬刊），2014（9）：44，48.

[23] 王浩，王立文，崔丽娜. 飞行模拟机燃油系统建模与仿真 [J]. 机床与压，2011，39（17）：104-107.

[24] 吕明，郭玲玲. 飞行模拟器概述 [J]. 硅谷，2010（14）：140.

[25] 张欲晓，曾显群，王新杰. 中国民用飞机燃油测量系统现状与发展趋势 [J]. 航空制造技术，2010（13）：38-40.

[26] 豆明星. 小型倾转旋翼无人机的制作与研究 [J]. 冶金管理，2018.

[27] 周瀛海. 飞行模拟训练器的前世今生 [J]. 中国民用航空，2016.

[28] 张超, 田菀玉, 何耀宇. 飞行模拟器智能训练系统, 方法及装置. CN114373360A[P].2022.

[29] 王卫军, 宗安汉, 王建, 等. 直升机飞行训练系统的研究与应用 [J]. 自动化仪表，2022.

[30] 张友伟, 章艳, 王之云, 等. 飞行模拟器的发展研究 [J]. 河南科技，2021.

[31] 赵旭东, 刘天宁. 飞行模拟器的应用价值 [J]. 环球飞行，2013.

[32] 邢琳琳. 塞斯纳 172 模拟机对航空理论课程教学的反拨效应研究 [J]. 漯河职业技术学院学报，2017.

[33] 韩伟, 宗剑. 某型固定翼航模的设计、制作及其飞行研究 [J]. 科技风，2020.

[34] 航模制作技术及资料 [J]. 航空知识，2005.

[35] 沐阳. 中国重型直升机指日冲天 [N]. 世界报，2010-03-24（016）.

[36] 王远达. 航空工业在世界主要国家中的战略地位 [N]. 中国航空报，2006-01-10（003）.

摄　　影

（以音序排列）

陈健　崔文斌　刘军　李进忠　齐贤德　杨宏章　仲戈

绘　　图

（以音序排列）

李秋雨　刘晓晴　于芮婷　袁荣政

声　　明

在此，我们对为本教材做出了贡献的人们，一并表示最衷心的感谢。由于种种原因，个别图片和文献资料作者的姓名可能有遗漏，在此深表歉意。

需要说明的是，对部分图片作者，因地址不详而无法联系，也无法支付报酬。请作者见书后与我们联系。